UOYU KEXUE YOUG

普及科学知识，拓宽阅读视野，激发探索精神，培养科学热情。

神奇的生物

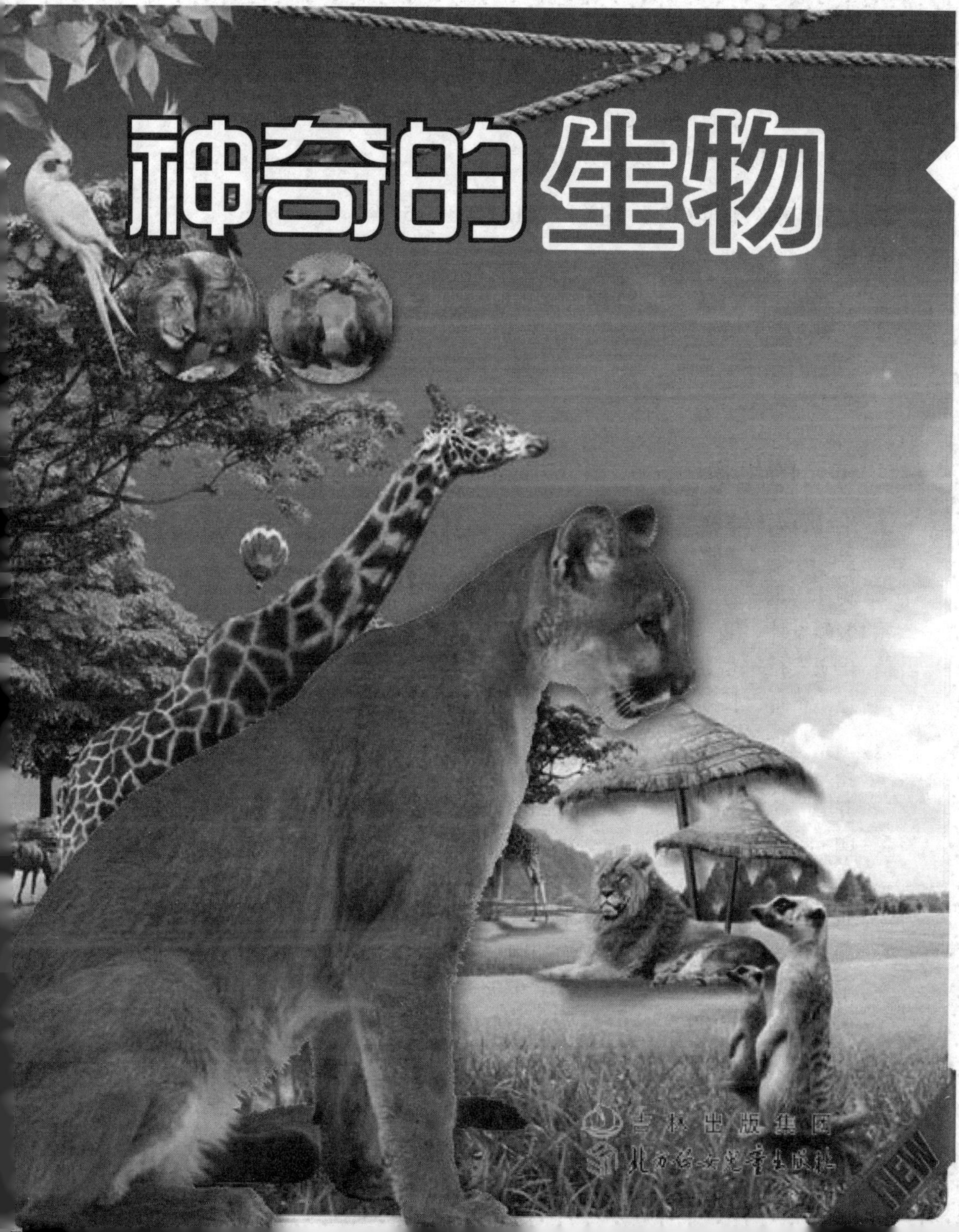

吉林出版集团
北方妇女儿童出版社

NEW

图书在版编目(CIP)数据

神奇的生物 / 李慕南,姜忠喆主编. —长春:北方妇女儿童出版社,2012.5(2021.4重印)
(青少年爱科学. 我与科学有个约会)
ISBN 978-7-5385-6308-5

Ⅰ.①神… Ⅱ.①李… ②姜… Ⅲ.①生物学-青年读物②生物学-少年读物 Ⅳ.①Q-49

中国版本图书馆 CIP 数据核字(2012)第061651号

神奇的生物

出 版 人 李文学
主　　编 李慕南　姜忠喆
责任编辑 赵　凯
装帧设计 王　萍
出版发行 北方妇女儿童出版社
地　　址 长春市人民大街4646号 邮编 130021
　　　　 电话 0431-85662027
印　　刷 北京海德伟业印务有限公司
开　　本 690mm × 960mm　1/16
印　　张 12
字　　数 198千字
版　　次 2012年5月第1版
印　　次 2021年4月第2次印刷
书　　号 ISBN 978-7-5385-6308-5
定　　价 27.80元

前　言

科学是人类进步的第一推动力,而科学知识的普及则是实现这一推动力的必由之路。在新的时代,社会的进步、科技的发展、人们生活水平的不断提高,为我们青少年的科普教育提供了新的契机。抓住这个契机,大力普及科学知识,传播科学精神,提高青少年的科学素质,是我们全社会的重要课题。

一、丛书宗旨

普及科学知识,拓宽阅读视野,激发探索精神,培养科学热情。

科学教育,是提高青少年素质的重要因素,是现代教育的核心,这不仅能使青少年获得生活和未来所需的知识与技能,更重要的是能使青少年获得科学思想、科学精神、科学态度及科学方法的熏陶和培养。

科学教育,让广大青少年树立这样一个牢固的信念:科学总是在寻求、发现和了解世界的新现象,研究和掌握新规律,它是创造性的,它又是在不懈地追求真理,需要我们不断地努力奋斗。

在新的世纪,随着高科技领域新技术的不断发展,为我们的科普教育提供了一个广阔的天地。纵观人类文明史的发展,科学技术的每一次重大突破,都会引起生产力的深刻变革和人类社会的巨大进步。随着科学技术日益渗透于经济发展和社会生活的各个领域,成为推动现代社会发展的最活跃因素,并且成为现代社会进步的决定性力量。发达国家经济的增长点、现代化的战争、通讯传媒事业的日益发达,处处都体现出高科技的威力,同时也迅速地改变着人们的传统观念,使得人们对于科学知识充满了强烈渴求。

基于以上原因,我们组织编写了这套《青少年爱科学》。

《青少年爱科学》从不同视角,多侧面、多层次、全方位地介绍了科普各领域的基础知识,具有很强的系统性、知识性,能够启迪思考,增加知识和开阔视野,激发青少年读者关心世界和热爱科学,培养青少年的探索和创新精神,让青少年读者不仅能够看到科学研究的轨迹与前沿,更能激发青少年读者的科学热情。

二、本辑综述

《青少年爱科学》拟定分为多辑陆续分批推出,此为第一辑《我与科学有个

约会》,以“约会科学,认识科学”为立足点,共分为10册,分别为:

1.《仰望宇宙》

2.《动物王国的世界冠军》

3.《匪夷所思的植物》

4.《最伟大的技术发明》

5.《科技改变生活》

6.《蔚蓝世界》

7.《太空碰碰车》

8.《神奇的生物》

9.《自然界的鬼斧神工》

10.《多彩世界万花筒》

三、本书简介

本册《神奇的生物》包括动物趣谈与植物趣谈两部分。你知道古老、奇特、爱独居的土豚吗?你了解熊的生活习惯吗?你知道最长寿、最高大、叫声最洪亮、飞得最高的是什么动物吗?你知道什么动物的舌头能听声音吗?……本书用精彩、生动的文字和插图给您描绘出世界上各类代表动物的不为人所知的科学知识,值得任何一个对动物、对自然有着浓厚兴趣的读者珍藏。你知道有会害羞的植物吗?有会发出臭味的植物吗?有喜欢雷电的植物吗?有一种毒植物俗称“见血封喉”,你知道它生长在什么地方吗?哪一种植物最爱喝水呢?……本书给我们介绍了许多有趣的植物和它们奇异的特征。让我们快翻开书去采撷这些新颖的知识果实吧!让我们更加喜爱动物,爱护植物,保护我们共同的家园吧!

本套丛书将科学与知识结合起来,大到天文地理,小到生活琐事,都能告诉我们一个科学的道理,具有很强的可读性、启发性和知识性,是我们广大读者了解科技、增长知识、开阔视野、提高素质、激发探索和启迪智慧的良好科普读物,也是各级图书馆珍藏的最佳版本。

本丛书编纂出版,得到许多领导同志和前辈的关怀支持。同时,我们在编写过程中还程度不同地参阅吸收了有关方面提供的资料。在此,谨向所有关心和支持本书出版的领导、同志一并表示谢意。

由于时间短、经验少,本书在编写等方面可能有不足和错误,衷心希望各界读者批评指正。

本书编委会

2012年4月

目　　录

一、神奇的动物王国

二、神奇的植物世界

三、神奇的微生物

一、神奇的动物王国

神奇的犰狳

如果身体大小达到人类的尺寸，雄性九带犰狳（Dasypus novemcinctus）的阴茎则会有1.2米长。

对犰狳进行描述通常都很困难：墨西哥土著阿兹特克人就把它们称作“龟兔”。

犰狳共有20种，都栖息于美洲地区。个头最小的是倭犰狳（Chlamyphorus trun-cates），身体还没有腊肠犬大，样子像一只毛茸茸的对虾。长毛犰狳（Chaetophractusvellerosus）受到惊吓时，会发出像猪一样的号叫声，但是由于它一天要花17个小时睡觉，而且在睡眠过程中即使用扫帚打它或者把它提起来都不会醒，所以它很少能受到惊吓而号叫。

巨犰狳（Priodontes maximus）体重超过60千克，它尖利的爪子有23厘米长，不断生长的牙齿像管状的钉子，数量多达上百颗，是牙齿最多的哺乳类动物。三带犰狳（Tolypeutes tricinctus）是唯一一种能把身体蜷成球状的犰狳。

尽管它们的阴茎大得可以碰到自己的下颌，但这并不妨碍九带犰狳成为很棒的游泳健将。在1850年，它们游过格兰德河而蔓延到美国南部大部分地区，至今它们在那里的数量达到了3000万~5000万只。

犰狳以两种方式泅水渡河。它们的骨质盔甲使得身体在水中自然下沉，从而可以在水下的河床上屏息行走，每次屏息可以长达6分钟。如果需要进行长距离泅水，它们就会深吸气把胃鼓胀，以起到救生衣一样的作用。

雄性犰狳用尿液标记领地，尿液味道就像过期的蓝纹奶酪。为了防止在冬季生产幼仔，雌性犰狳能够把受精卵在体内保存两年以上。

除了人类和老鼠，九带犰狳是唯一患有严重麻风病的动物：生活在路易斯安那州的大多数犰狳都是麻风病患者。

在相邻的得克萨斯州，犰狳是两种州级珍贵哺乳动物之一，另一种是得克萨斯长角牛。犰狳曾被称作“得克萨斯减速块”，当受到惊吓时，它们独特而无效的防御机制是垂直地跳离地面几英尺的一种跳跃反射：其后果是，在得克萨斯州的高速公路上，到处散布着犰狳的尸体。

对于哺乳动物雄性生殖器官功能的研究者来说，他们常常把犰狳作为研究对象，于是研究标本就来自定期在高速公路上收捡的犰狳尸体。由于犰狳的体型是如此巨大，以至于收捡研究标本的工作也相对容易许多。

犰狳已经在地球上生存了大约六千万年，它们的古老程度堪比恐龙。在玻利维亚和秘鲁，犰狳的骨质外壳被制作成一种模仿西班牙吉他的曼陀铃琴，称作 charangos，有十根弦，通常用来弹奏 A 小调乐曲，听起来悲伤而高贵。

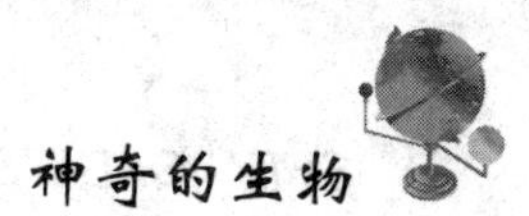

神奇的狗獾

狗獾与英国上流社会的贵族有着惊人的相似：生性倔强，习性传统。它们的一些洞穴以及通向洞穴的路径被一代代传承下来，达几百年之久，如同豪华的古宅。一个曾经被发现的最大的狗獾的洞穴就如同真正的布伦海姆宫一样，拥有130多个出口、50多个房间和超过800米长的地下隧道。建造这么一个庞大的地下宫殿，需要挖掘出大约70吨泥土。大多数洞穴可以供超过20只的成年狗獾居住，每个洞穴中的一群狗獾组成一个集体，称为“家族”。狗獾的一生中有一半的时间要在洞穴中沉睡。

狗獾属于鼬科，与其亲缘关系最近的是鼬和水獭。鼬科的名称来源于鼬的拉丁文名称，其本身的意思是鼠。狗獾大多数时候以多汁的蚯蚓为食，所以很少喝水。如果食物极度缺乏，它们也会吃食老鼠、蟾蜍、黄蜂、甲虫、刺猬，甚至谷类作物。

狗獾身上的条纹能使得其他动物觉得它很强壮、凶猛并且有足够的能力保护自己。家族成员之间通过尾巴下面的腺体所释放出的具有浓重麝香味的气体进行交流。这种交流包括标记领地和家族身份的建立。每只狗獾具有自己独特的气味，以及通过家族成员之间互相不断交换气味所建立的“家族气味”。一只成年狗獾如果在洞穴外面停留的时间过长，使得自己身上的家族气味消退，就有被家族成员驱逐的危险。它们还演化出了16种不同发音的语音词汇，包括颤鸣、咆哮、干呕、尖叫和哀号。如果发出哀号声，曾被认为是处于垂死之际的征兆。

狗獾可以在一年中的任何时候寻找配偶，交配时间可以达90分钟以上。雌狗獾可以和不同的雄狗獾进行交配，并且通过延缓着床机制，使受精卵具

狗獾的洞穴

有较长的滞育期，直到早春才产下一窝具有多个父亲的幼仔。当年这些幼仔只有60%能够存活，而到了七岁的时候大部分幼年狗獾都会死去，每年有六分之一会死在英国的公路上。

英国的狗獾具有世界上最高的种群密度。自从1985年以来，狗獾的数量增加了70%，数量超过了30万只，尽管在这期间，人们认为是狗獾把肺结核病菌传染给了家畜，因而对狗獾进行了剔除性的捕杀。荒谬的是，这种捕杀却恰恰起了反作用。自20世纪70年代开始进行这种选择性捕杀以来，总共杀掉了5.9万只狗獾，但是却有超过11.8万只的家畜因被传染而遭到屠杀。这是由于捕杀行动使狗獾的种群结构被破坏，使得那些带有传染源的狗獾为了逃生而四处游走，这样反而增加了传染的风险。

欧洲狗獾（Meles meles），或者叫欧亚狗獾，是在200万年以前从中国迁移到欧洲的。至今它们在那里还十分常见。在中国，狗獾作为一种对农业有害的动物而遭到捕杀，而狗獾背部的毛则用来制作修面用的毛刷。尽管这件事听起来似乎很神秘，但它们却没有像绵羊一样，被圈养起来专门用于剪毛。

狗獾的英文名字的来源已经无从考证，但是最可靠的推测是来源于法语中的hecher一词，意思是“挖掘”。在法语中狗獾被称作blaireau，这个词也用来表示修面的毛刷和旅游者（意指那些老生常谈的旅游者就如同总是走在通向自己洞穴的路上的狗獾一样）。

在爱尔兰和英国，狗獾的肉一直被人们当作食物。它们的后腿被熏制成“獾火腿”，味道就像风干很好的羊肉一样。

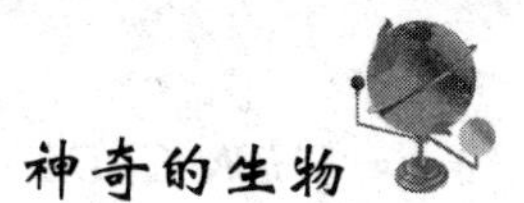

神奇的熊狸

在南亚热带雨林高高的树上，生活着唯一一种旧大陆的食肉动物——用尾巴爬树的熊狸。虽然通常把它们称为熊猫，但是它们既不是熊也不是猫，而是隶属于灵猫科的动物。灵猫类与猫类有较近的亲缘关系，同时与獴类和鬣狗类也算是表亲。熊狸（Arctitis binturong），也有人把它们叫做“熊猫”，得名于已经失传的马来西亚语，当我们初次看见它们的时候就不难理解为什么会这样称呼它们了：它的脸形和胡须像海豹，长满粗毛的厚毛皮和扁平的脚像熊，尾巴像猴，爪子像獴。与那些体型微小，喜欢蹦蹦跳跳的绒猴类不同，熊狸的体重可达 19 千克，体长达 1.8 米（不妨把它想象为一只能用尾巴爬树的金毛寻回猎犬）。因此，尽管熊狸几乎一生都生活在树上，但是它们喜欢慢慢地挪来挪去，以至于有时会让人们误把它们当作树懒。

熊狸肌肉强健的尾巴长达 0.9 米，末端无毛，裸露出坚韧的皮肤。尽管熊狸和猴子在进化上没有任何关系，但是它们都可以把尾巴作为第五只手臂来拾取和抓住食物，也能借助尾巴的缠绕将身体悬挂在树枝上。它们的尾巴强壮有力，可以使自己头朝下沿树干向下爬，或者顺着树枝倒挂着移动去摘取难以得到的植物果实。

熊狸主要以植物果实为食物，而且特别喜欢甜食。笼养的熊狸对成熟香蕉和芒果表现出强烈的喜好，也曾被发现狼吞虎咽地吃软糖、松饼、苹果派和奶昔。因为摄入的糖分过高，所以容易导致熊狸变得异常狂躁，会不停地跳跃、来回奔跑，直到精疲力竭地入睡后才能缓解过来，这个过程会长达一个小时。尽管主要吃果实，但是野生的熊狸却是真正的食肉动物，它们偶尔也会逮住一只鸟，或者捕到一条鱼（熊狸有极好的水性）。

如果你是一只熊，千万不要模仿这些动作

和其他灵猫科动物一样，熊狸用有刺激性的油脂标记领地。几百年来，灵猫香一直是香水中珍贵的添加剂，通常用一种专门的小匙，从灵猫类和蹼类的腺体中提取。熊狸的尾巴下面有个大的腺体，通过在树枝、柱子及其他标记物上摩擦来留下自己的详细信息，包括性别、年龄以及性方面的状况。同其他灵猫科动物相比较，熊狸散发的气味很好闻，就好像是涂了黄油的爆米花的味道。虽然雌雄熊狸都能留下气味，但是雌性熊狸处于主导地位：雌性熊狸体型比雄性大很多，而且具有一个巨大的像阴茎一样的阴蒂。（这一点与鬣狗相似，尽管它们并没有很近的亲缘关系。）因为人们要获取它们的芳香油脂，所以无论雌雄熊狸都会遭到被猎杀的厄运，同时雄性熊狸的阴茎骨也是传统中药里的一种贵重成分，据说具有壮阳和怀男孩的功效。

有种不确切的说法，熊狸在野外遭到猎捕的另一个原因是它们可以作为很好的宠物，因为它们需要爬上爬下，所以应该不适合做室内宠物。在美国，熊狸受到普遍的欢迎，一只能生育的成年熊狸可以卖到 2000 美元。很显然，它们很容易驯养，当你牵着它们出去溜达的时候，它的尾巴会抓住你的手，成为一根绝妙的“狗链”。

神奇的箱水母

尽管看上去只有一个被触手包围了的嘴，但是箱水母，或者叫立方水母（原意是“呈立方体的动物”）的确有眼睛，而且结构与人类的非常相似：具有晶状体、角膜和视网膜。但是奇怪的是，尽管有这些复杂的结构，箱水母却是永久性的视力模糊。

这是因为箱水母没有脑，只是在嘴的周围有一条神经环。它没有中枢处理功能，它的模糊的视觉却能告诉它所需要知道的一切：多大啊？我能吃它吗？它会吃我吗？

体型为立方体的箱水母躯干的四面各有一个像球杆一样的短柄，而眼睛就位于这四个短柄上。除了两只辨别能力强的眼睛外，每个短柄上还有四个轻度感光的凹孔。同样，这种结构是与它们没有脑相吻合的，因为脑是整合感觉信息的部位。对于箱水母来说，发现一个天敌和辨别白天与黑夜属于不同的工作，要求由不同的感觉器官来完成。

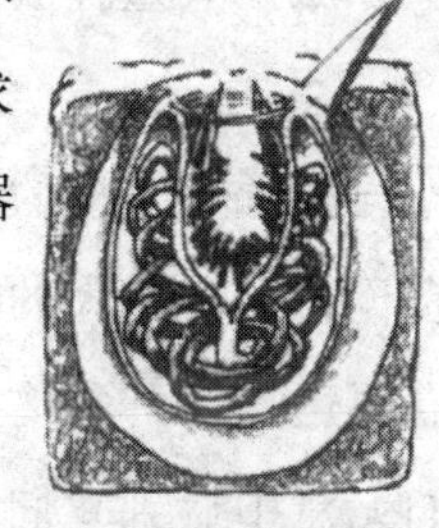

当细胞被碰撞时，活门打开。

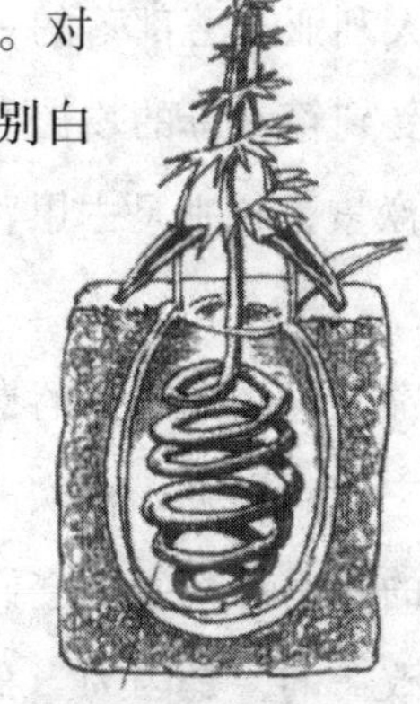

弹出装满毒液的小管。

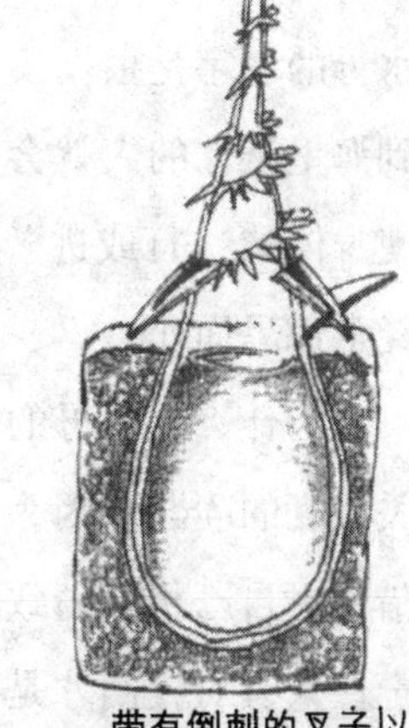

带有倒刺的叉子以每秒13米的速度刺向猎物。

刺细胞攻击技术

箱水母的眼睛不同于其他属于钵水母纲的种类（“钵水母”一词来源于希腊文，意思是杯子），因为它们在物种演化的过程中，早在5.5亿年前就分化成了不同的分支。

箱水母尽管视力不佳，但还是在某些方面发挥了很大的作用。箱水母能够飞快地游动（某些种类的速度能达到每秒1.8米），并能够绕过障碍物，这就意味着它们能够主动追击猎物。这一点与钵水母类不同，钵水母只是软软地漂荡在水中，等待食物游到自己的身边。有明显证据表明，箱水母能结合成性伴侣，雄性用它的长长的触手使雌性受精，而不是仅仅把卵和精子排在海水里。

箱水母所具有的这些特点也对它的另一个重要的适应性的解释有所帮助——它的毒性巨大。一种叫做海黄蜂（Chironex fleckeri）的箱水母可能是地球上最毒的生物，被它刺伤，人会感到难以忍受的剧痛，同时伴有强烈的灼伤感觉。毒液会伤害神经系统、心脏以及皮肤，三分钟内会致人死亡。全世界每年超过1万人被它刺伤，而且经常有人死亡。

另一种箱水母（Carukia barnesi）几乎具有同样的毒性。它更具危险性的原因是：在水中不易被人发现，呈透明状，体型比一粒花生还要小，而且浑身布满了刺细胞。被它刺到，即使侥幸逃脱，也会患上一种伊鲁康吉水母综合征：剧烈疼痛、恶心、呕吐、极度高血压并且叫人产生绝望情绪。这种箱水母的名字是根据澳大利亚土著部落的一个民间传说得来，这个传说讲述了到海里游泳的人就会受到箱水母的攻击并患上一种可怕的病。这种毒液会促使身体的“打或逃”激素，特别是去甲肾上腺激素大量释放，从而导致患者经常惊恐而死。

为什么箱水母的毒性这么大？它的毒性与视觉有怎样的联系？这是个有关尺度的问题。因为它们有视觉，喜欢采食比自己本身大的猎物，为了防止猎物对自己相当精致的触手的伤害，它们需要迅速麻醉猎物。之所以它们的毒性只有对我们才是致命的，是因为当我们无意中遇到它们时，我们对于它们来说显得太过于巨大了，所以我们就会受到它们比平时刺杀猎物更多的触手的攻击。

神奇的海蟾蜍

1932年8月18日，有102只海蟾蜍从夏威夷群岛来到了澳大利亚。它们被释放到澳大利亚昆士兰州北部的甘蔗种植园内，用来控制甘蔗甲虫的危害。

70年后的今天，澳大利亚海蟾蜍的数量达到了1亿只。它们蔓延的地域的面积已经超过了英国、法国和西班牙国土面积的总和，而且它们领地的前缘还在以每年5.6千米的速度扩展。

考虑到世界上的两栖动物的种类和数量正在发生灾难性的下降，澳大利亚所发生的事情听起来像个好消息。但是海蟾蜍的蔓延却不是好消息。这个灾难性的典型事例说明了当人类试图改变自然的时候，会发生什么事情。

海蟾蜍（Bufo marinus）的毒性非常大。对于大多数动物来说，如果吞吃了它们的卵、蝌蚪或者成体，就差不多会立刻引起心力衰竭。一些澳大利亚的博物馆展出了被海蟾蜍毒死的蛇，它们竟然还在蛇的嘴里，蛇就已经中毒死亡了。经常以本地蛙类为食的袋鼬已经有灭绝的危险。海蟾蜍甚至可以干掉体型较大的鳄鱼。海蟾蜍的毒性是如此之强，以至于宠物狗仅仅喝了它们光顾过的碗里的水，就会生病。

在它们的原生地中美洲和南美洲，海蟾蜍的数量被物种间的竞争、疾病、天敌等综合因素所控制。但是，在澳大利亚没有其他种类的蟾蜍，也很少有天敌，却有大量的新的食物资源。对于海蟾蜍来说，这是一块尚未开发的处女地，而面对这些新的挑战，它们已经获得了成功。

与本地的一些澳大利亚蛙类相比，海蟾蜍产的卵的数量是它们的四倍，海蟾蜍的蝌蚪不但成熟得很快，而且因为具有毒性，所以不会被吃掉。但是它们的幼体和成体却能吃掉任何东西：从其他蛙类到没人看护的狗食，无所

预计在未来10年内，海蟾蜍会蔓延到澳大利亚南部地区。

不吃。吃得越多长得就越大。有记录记载，有些海蟾蜍的体重达到了2.7千克，身体的大小就如同一只小狗。

更令人担心的是，在新的环境中，它们好像也在改变着自己。它们的腿的长度比20世纪30年代增长了25%，行进的速度也比原来快了5倍。它们不再在灌木丛中钻来钻去，而是等到天黑了以后，利用道路和高速公路行进。

防止海蟾蜍蔓延的行动已经普遍开展，尤其是澳大利亚西部沿海一带。曾经采用过的消灭海蟾蜍的方法，是在它们的分布区驾车巡游，从而将它们碾死。虽然还使用过更加残酷的手段，比如至今仍然有人推崇的“海蟾蜍高尔夫”，但最有效的防治方法是通过夜间行动的“海蟾蜍驯服者”缉捕队在夜间袭击海蟾蜍聚集的水塘，在效率最高的一周内可以消灭大约40 000只海蟾蜍。用毒气或者深度冷冻的方法杀死这些海蟾蜍，然后把它们制成一种叫做“蟾蜍汁”的液体肥料。

对于这种灾害，一种生物学的防治方法是利用基因工程的方法使它们患上不育症。但是这种方法被许多环境学家所反对，尤其是考虑到在初期阶段所引发的问题。

尽管已经对环境造成不可否认的影响，但是海蟾蜍至今还没有造成其他生物的灭绝。一些鸟类和鼠类甚至已经学会将它们掀翻，然后再吃掉它们，从而避开海蟾蜍的毒腺。许多其他种类的动物已经对海蟾蜍的毒性产生了耐力，尤其是甘蔗甲虫，提起它就不得不在这里说一件事儿，那就是现在甘蔗甲虫在澳大利亚的数量比1935年的时候还要多。

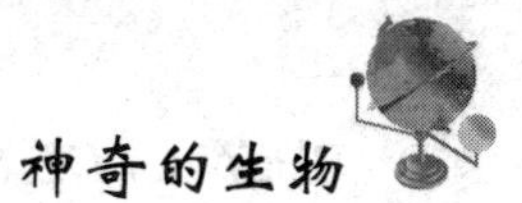

神奇的鲶鱼

鲶鱼的种类超过 2200 种，分布于除南极洲以外的所有大陆，在冰冻的西伯利亚地区的河流中和冒着蒸汽的加里曼丹岛上的沼泽地带都有它们的身影。它们有些种类生活在喜马拉雅山脉和安第斯山脉超过海拔 4200 千米的地方，还有些种类生活在温暖的南太平洋珊瑚礁中。它们的体型变化幅度很大，从我们知道的一些最小的鱼到最大的鱼都有。最小的六须鲶（Silurus glanis）体长仅 1. 3 厘米，而欧鲶能够长到 4. 8 米，体重超过 295 千克。

鲶鱼占全部鱼类的 8%，是地球上最值得关注的生物之一。有会说话的鲶鱼，会行走的鲶鱼，带电的鲶鱼，身体颠倒的鲶鱼，还有样子像班卓琴的鲶鱼。但是真正使它们与众不同的是它们的感觉——那种极其敏锐的本性。它们比其他动物具有更多的味蕾，布满全身。一条 15 厘米长的鲶鱼有超过 25 万个味蕾，不但长在嘴和鳃上，而且遍布在须、鳍、背部、腹部、身体两侧和尾部。斑点叉尾鮰是脊椎动物中味觉最灵敏的，能在一个装满水的奥运会游泳池里辨别出只有一茶匙的浓度为 1% 的物质。

鲶鱼同样具有非凡的味觉、触觉和听觉。它们能够闻出一些稀释倍数达一百亿分之一的化合物的味道。鲶鱼没有明显的外耳，但是由于它们自身的密度和水相同，所以它们的整个身体就在充当一个巨大的耳朵。另外，它们通过身体侧线还能够听见超低频的声波，侧线是沿着鱼的身体两侧排列的一排小孔，孔里有细如发丝的突起，这种突起对振动超常敏感。侧线主要用于发现猎物和躲避敌害。中国人几百年前就发现了鲶鱼的这个特性，并用鲶鱼来预测地震。据说鲶鱼可以在地震发生几天前就能够察觉出来。

鲶鱼没有鳞，光滑的皮肤提高了它们触觉的敏感程度。有些种类的鲶鱼

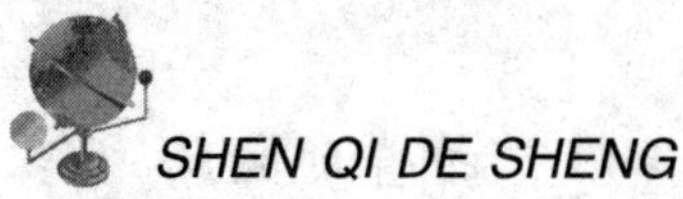

还具有极好的视觉，尤其是斑点叉尾鮰（Ic-talurus punctatus，拉丁学名的原意是带斑点的鱼猫），它们的眼睛经常用于医学上有关视力的研究，其余部位则用来研究疱疹，它们的性腺摘除后可以用于生殖方面的研究。此外，这种不幸的动物还是一种味道鲜美的食物，这时它还被叫做柳鲶、叉尾鲶、斑点鲶及淑女鲶等各种各样的名字。在得克萨斯州供人们捕捞的鱼类中，斑点叉尾鮰的受欢迎程度仅次子鲈鱼和刺盖太阳鱼，位居第三。除了所有上述人们熟悉的感觉外，鲶鱼还有一个和鲨鱼一样的超常感觉，我们把它称作“电感觉”，这种感觉可以帮助鲶鱼探测到埋藏在泥土中的蠕虫和幼虫的电场。虽然有些鲶鱼会很讨厌地用它们的毒棘刺你一下，但是大多数鲶鱼对人类是无害的，不过一定要当心牙签鱼，当地人称其为 candiru，它是生活在亚马孙河里的一种很小的鲶鱼。在浑浊的有牙签鱼生活的河水里游泳时，如果你小便，牙签鱼就会趁机游到你的尿道里。一旦进入尿道，它们就会竖起棘刺，使人产生灼痛的感觉，进而会出血，直至令人死亡。

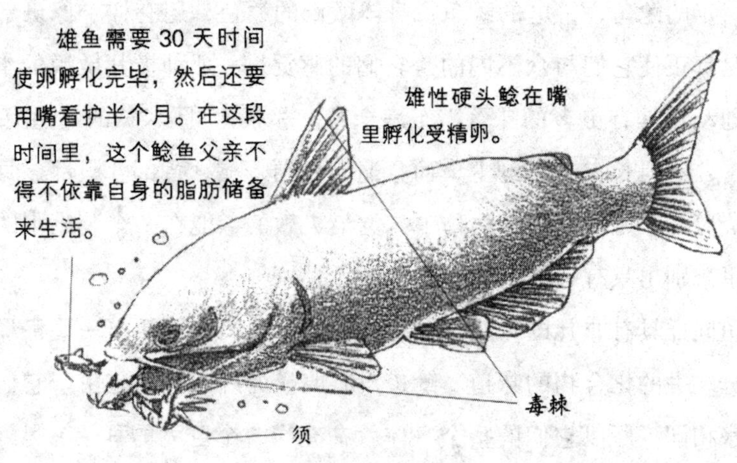

在嘴里孵化的鱼类

神奇的猎豹

猎豹过去分布于整个非洲和南亚的大部分地区。在过去的一个多世纪里，人们为了获取豹皮和保护家畜而对猎豹进行猎杀，导致了猎豹的数量急剧下降。现在，全世界的猎豹仅剩下大约 12 000 只，其中亚洲仅有大约 100 只，它们生活在伊朗山脉中的一个极小的野生动物公园内。

从前，猎豹曾经几乎已经消失了。现生的种群是在非洲经历了最后一次冰河时代后，仅存的一个大约 500 只的猎豹群体繁衍而来的。在遗传学上，这就意味着现生的猎豹之间都有像孪生兄弟一样密切的亲缘关系。

猎豹奔跑的速度非常快，因为它们必须这样做。与大多数大型猫科动物不同，猎豹在白天狩猎，爬到白蚁丘上去查看离群的羚羊或瞪羚。猎豹眼睛下面黑色的“眼泪”被认为是用于减弱炫目的强光。它们的视网膜上有一条很宽的高度视觉敏感带，可以使眼睛通过迅速的聚焦来看清整个视野内的物体，从而帮助自己追逐猎物以及在高速奔跑中精确地转向。不论什么动物，如果在距离猎豹 3 千米的范围内，都是处于危险的境地。

只有少数时速达到 96 千米的小汽车的速度能超过猎豹，但是在草原上就没有能追得上猎豹的了。但无论如何，猎豹的行动必须要迅速，因为如果在 30 秒内捉不到羚羊，它们身体就会过热。它们以扼杀来杀死猎物。它们的牙齿没有狮子或豹那样长、那样锋利，但是它们却能更加有力地咬住猎物，压碎气管，阻断气流。如果狩猎成功，它们接下来就囫囵吞下它的战利品，但会将猎物的毛皮、骨头和内脏留下。一只成年猎豹一次能吞下 13 千克肉（相当一个成人一次吃掉 6 个羊腿），每次进食后能持续 5 天不进食。猎豹的猎物有一半会被狮子、兀鹫及鬣狗偷走，但猎豹并不与它们争抢。它们知道自己

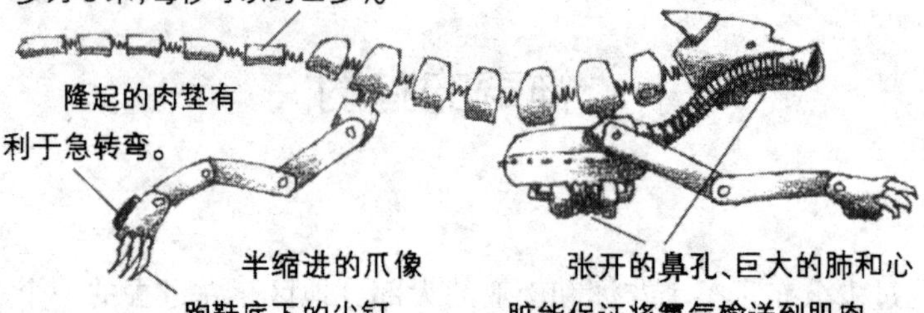

有利于奔跑的身体结构

非常适合捕猎的身体哪怕受到一点点的伤害都会使自己遭到饿死的命运。

雌猎豹有时会捉回一只活的羚羊幼仔用来训练它的孩子。小猎豹大约在 18 个月大的时候开始狩猎，如果没有进行过训练的话，小猎豹经常会追逐一些不适宜猎捕的对象，例如非洲水牛。

猎豹的名字原来是北印度语中的一个词“chita”（来源于梵语“chitraka”，意思是“有斑点的”）。在一个相当长的时间里，人们总是把猎豹和豹相混淆。当一个中世纪的作家在他的作品中使用了“豹”一词时，他通常指的是猎豹。猎豹被认为是狮子（它们具有鬃毛）和豹（它们带有斑点）的杂交后代。猎豹的幼仔确实具有鬃毛，这有利于它们在草丛中伪装隐藏。猎豹的拉丁学名（Acinonyx jubatus）就是“爪子固定，带有鬃毛”的意思。

在古埃及、印度和波斯，猎豹被人们驯养用于打猎。通常以喂给它们黄油作为奖赏，训练它们辨别 15 种语音命令，用马把它们带到狩猎地，给它们像隼一样戴上面罩，然后叫它们去追捕羚羊。

众所周知，豢养的猎豹很难繁育，因为雌猎豹需要被几只雄猎豹追逐奔跑后才能排卵。在 16 世纪时，印度莫卧儿王朝皇帝阿克巴大帝饲养了一千多只猎豹，但是只产下一窝幼仔。第二次人工饲养的猎豹产仔直到 1956 年才得以实现。

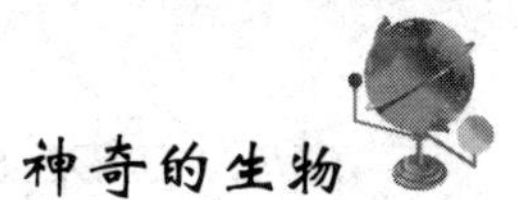

神奇的蝉

没有人能够真正理解蝉为什么会这样做，但是有些种类确实将它们的生命周期与一个大的质数相匹配。质数是指只能被它本身和 1 整除的数字，如 2，3，5，7，11，13，17 等。

“质数蝉”或者“魔力蝉”的名字来源于希腊词语中“magos（魔术师）”一词。它们仅在美国东部出现，幼虫在地底下生活很多年，靠吃树根为生。它们仅仅在每 13 年或 17 年才出土化为蝉并进行交配。

质数蝉选择这种极为精确的生命周期的原因是为了避免跟具有偶数（这是可以预测的）繁殖周期的天敌相遇。蝉会在一个晚上的时间内一下子就孵化出亿万只，而且孵化的具体时间无法预料，这样就实实在在地以极大的数量突然出现在那些对它们狼吞虎咽的天敌面前，使它们无法应付，从而保证蝉的种群数量不受损害。每次总共有 30 批蝉，每一批孵化出来的时间都不一样。13 年蝉和 17 年蝉的周期每 221 年才能碰上一次。

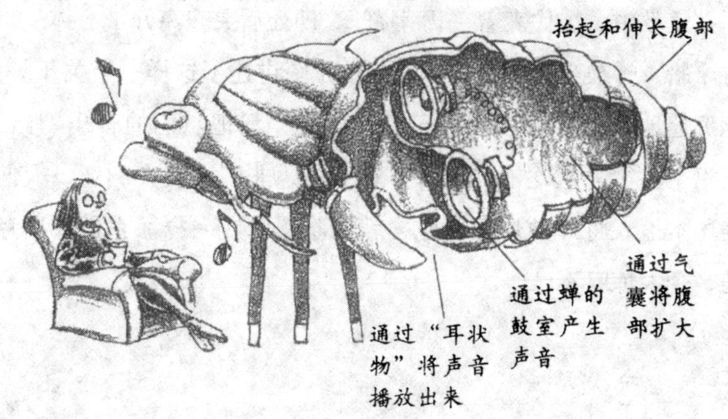

高保真蝉鸣

在漫长的地下生活中，蝉的幼虫利用自己的粪便为自己建造了防水房间，这样可以保证它们不被大水冲走。尽管如此，还是有大约98%的蝉在出土孵化之前就被毁灭了。那些活下来的蝉会结束它们的幼虫期，开始进行疯狂的交配。大多数蝉会在两周之内死去，使森林覆被中的氮大大地增加。

蝉能够从容地发出声音，是发出声音最大的昆虫，但是只有雄蝉才会“唱歌”，而且通常只在盛夏的温暖的日子里才唱歌。有些种类的蝉发出的声音能达到120分贝，相当于我们站在摇滚音乐会的前排所听到的音量，大约在1.9千米远的地方就能听见。蝉不像蝗虫那样，靠摩擦自己的腿部来发声，而是通过扣压腹部的一对膈膜（也称鼓膜）来发出一连串的嘀嗒声，就像我们在表演晃动板（澳大利亚的一种做乐器的纤维板）一样。它们的身体增强了这种振动。

它们经常是一大群一起歌唱，这可以使鸟类无法确定每个个体的位置，但歌唱的主要功能还是吸引异性（尽管有时候你刺激它时，它也会发出一种警戒声）。每一种蝉都有其特殊的音调，便于雌蝉来收听。

19世纪法国昆虫学家若盎·昂利·法布尔为了证明蝉是聋子，他对一棵满是蝉的树点燃了大炮。蝉的歌声并没有改变，但这并不是因为它们是聋子，而是大炮的声音对它们毫无意义：你不可能用大炮与它们交配。

由于它们具有“从地上再生”的显著能力，在许多文化中蝉代表了复苏和不朽。在道教中，蝉代表着“万字符”，即死后灵魂离开了身体。

在古希腊，蝉被当作宠物来饲养。柏拉图讲述了这样一个关于蝉的故事：它们如此痴迷地致力于音乐以至于日渐削弱，只把它们的音乐留给了人们。另外，亚里士多德喜欢吃油炸的蝉。在亚洲、非洲和澳大利亚，人们仍然在吃蝉。美国本地人将蝉油炸后再吃，就像吃爆米花一样。它们如同芦笋一样肉多味美，令人惊叹不已。

神奇的珊瑚

珊瑚与水母有着最密切的亲缘关系。很难想象这两类外貌完全不同的动物都是隶属于腔肠动物门（腔肠动物门的名称来自于希腊语，意思是“带刺的荨麻”）的成员。珊瑚看上去更像是色彩丰富、形式多变的海草的亲戚，但是仔细研究的结果却证明它是动物，或者说是一群动物，因为珊瑚的每一个枝叶都是由成千上万个独立的小珊瑚虫所组成的，这也跟海葵（另一个与珊瑚亲缘关系最近的动物类群）的情况非常相似。每一个珊瑚虫的身体内部为一个消化腔，仅在顶部生有一个椭圆形的口道，口道被一圈长满纤毛的具有刺细胞的触手环围着，这些结构都跟它们的“堂兄弟”差不多。但是它们也做一些它们的“堂兄弟”做不了的事情：它们建造珊瑚礁，也称为海底雨林。

通过吸进海水，珊瑚虫能够吸收它们所需要的元素形成碳酸钙骨骼。这种骨骼逐渐增加，大约每年增长 2.5 厘米，这不仅为每个珊瑚虫提供了杯形的隐蔽所，而且保证了它们朝着光线的方向往上移动。珊瑚虫“生长”岩石，就像人生长骨骼一样。在经过了 1000 多年的时间后，它便变成了一个珊瑚礁。这是一个复杂的地下城市，海洋中生活的全部物种的三分之二都生活在那里。假如你把全世界的珊瑚礁都聚集在一起，它们的面积将相当于整个英国的领土的两倍。

珊瑚虫不是光靠自己来做这些事，它们与一种海藻——涡鞭毛藻（源自于希腊语，意思是“旋转的鞭子”，用来描述涡鞭毛藻的推进方式）形成了地球上最典型的互利共生的伙伴关系。涡鞭毛藻是能够存活的最小的生物，它们在珊瑚虫的体表上每平方厘米就有大约 31 万个。珊瑚虫用它们的触手捕获极为微小的有机物，所产生的废物（主要是二氧化碳）用来喂养

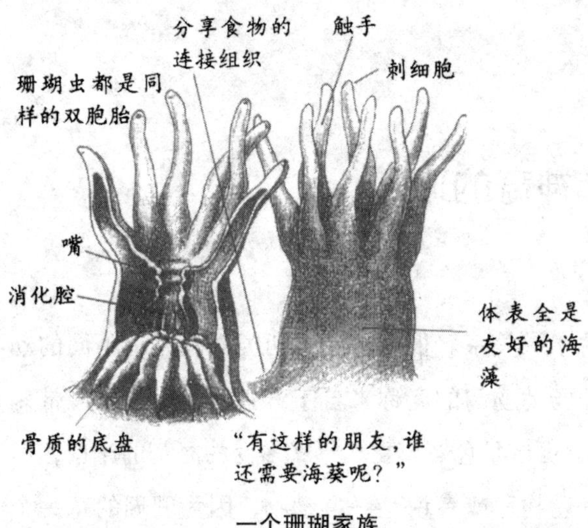

一个珊瑚家族

它们身上的海藻。作为回报，海藻给珊瑚虫披上了鲜艳的颜色，并通过光合作用为珊瑚虫提供了大部分能量。这就是为什么你会发现珊瑚虫大多生活在浅的、干净的、有光照的水域中的原因。这类海藻甚至还会生成一种遮光剂来保护珊瑚虫，使它们一整天都能正常活动。这是一个非常艰苦的工作，珊瑚虫在建造珊瑚礁时所消耗的能量按比例来说相当于一个静止状态的人所消耗的能量的2.5倍。

珊瑚礁与海藻也有关系紧张的时候。当珊瑚礁被淤泥充塞、变得太热，或者被污染，而海藻又很容易在其他地方找到食物的时候，海藻就会离开珊瑚礁，使珊瑚礁“变白”，从而导致它们的死亡。在1997和1998年高温突破历史纪录的时候，全世界有六分之一的珊瑚礁“变白”了。现在，估计全世界已经有十分之一的珊瑚礁死亡了。如果海洋中碳的水平还在继续上升的话，到2030年，其余的珊瑚礁也会死去。在全球变暖的危机中，珊瑚礁首当其冲。

珊瑚虫间接地帮助达尔文提炼出他的关于进化论的思想。达尔文乘着小猎犬号返回以后，于1842年出版了他的第一本科学著作，尽管那时候他对珊瑚虫和海藻的共生关系还没有概念，但是他在这本书中描述了珊瑚礁的形成过程。达尔文正确地建立了环礁形成的理论：火山慢慢下沉到海面以下，留下环状的珊瑚仍旧朝着光线向上生长。这种漫长的地质变化过程不言而喻地证实了达尔文的预言：整个生物王国都是在不断的发展变化之中。

神奇的海豚

我们没有对海豚进行过任何帮助。海豚激发了人们对它们的一些朦胧而大胆的猜想：它们的大脑比人类的还要复杂；它们的“语言”更为深奥；它们有一个崇尚和平和自由性爱的社会；它们是长着鳍的外星人。但所有这些推测所展现的更像是我们自己而不是海豚。这样说并不是否定了海豚的神奇，而是提醒我们，海豚只是野生动物，它们具有自己的活动规律和独具特色的本领。它们能够做到一些人类无法做到的事情（当然，也许它们也是这样感觉人类的）。

海豚依靠回声定位系统在海里游动。将一茶匙水滴到水池里，它们能够准确地判断出声音的位置。它们能够区分用蜡、橡胶和塑料制作的物体，甚至能够辨别外观一样的铜盘和黄铜盘。由于鱼类是不会保持安静的（鲱鱼甚至从不停止游动），所以它们也就给海豚提供了捕食的机会。

海豚的“语言”技能更是很难评价。尽管没有声带，但是它们却是著名的“健谈者”。嘀嗒音、口哨声、呻吟声、尖叫声和吠声都发自鼻腔里的囊，每秒钟能发出多达1200个声音信号。每只海豚都有一种独特的“信号哨声”作为自己的身份标签，就好像在说“我是Flipper”，而且一直在不断地重复。它们还会模仿其他的海豚，从而引起别人的注意，比如在一个拥挤的群体中，海豚会通过翻滚身体来增强其他同伴对自己的印象。哨声信号表明海豚之间在交流，但是这些声音还根本谈不上是一种语言。

海豚游戏是非常复杂的，而且它们学得很快。它们听从人类的极为复杂的命令的能力十分惊人，还能从镜子中认出自己。它们甚至还会使用工具，在尖锐的珊瑚礁中狩猎的时候，它们会在鼻头上贴上一片海绵作为防护罩。希腊和罗马神话中记载了很多关于海豚帮助上帝和人类的传说，而现代有关海豚救助人类的故事也屡见不鲜。在一些小型的捕鱼队伍里，海豚被用来把鱼群驱赶进渔网里，完成任务后，它们会跳跃几下，善意地溅起一些浪花。没有人不喜欢它们天真的笑脸。

当然海豚也有另外的一面。在亲热和爱抚之后，雌海豚常常会被成群的雄海豚强迫交配。海豚群体会莫名其妙地打死小海豚，有时也会实施杀婴行动。通过对喜欢与人类交往的野生海豚的综合研究，结果发现，四分之三的海豚表现出了侵略性，而这种侵略性有时候会造成严重的伤害，一半的海豚则沉迷于和救生圈、小船以及人类进行被误导的性行为。一只普通的雄性宽吻海豚体重达 254 千克，生殖器长达 30 厘米而且肌肉结实，在末端还有一个灵活得足以抓住一条鳗鲡的钩子，所以在它们面前，你千万不要发出错误的信息。

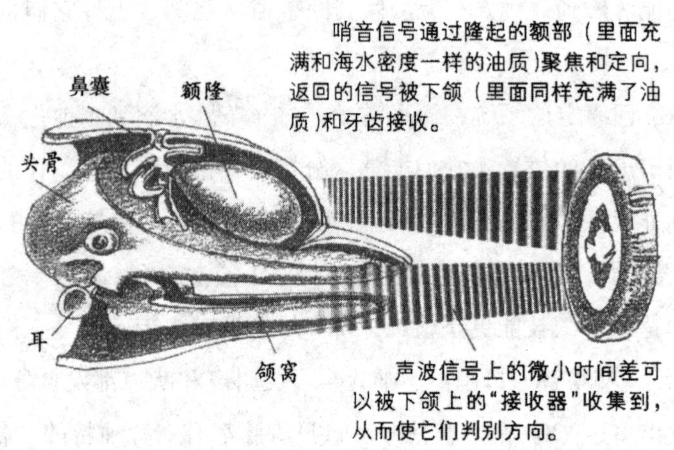

鼻子的回声定位系统

这项研究同时也表明，对于野生海豚来说，与人类接触几乎总是意味着遭受伤害和痛苦。当我们认为“野生动物旅游”和“海豚疗法”是有益的活动的时候，就应该在心里记住这些。当然，与海豚一起游泳的想法是令人着迷的，而且有证据表明这样做也确实有治疗作用。但是，如果我们站在一艘小船上，通过望远镜来观察它们畅游在属于自己的海洋里，尽情做着自己最喜欢做的事情，这样我们会得到同样的收获（也许会有更多的收获）。

神奇的针鼹

这是什么动物呢？它们拥有像鸟一样的喙，像刺猬一样的刺，像爬行动物一样的卵，像有袋类动物一样的育儿袋，像大象一样长的寿命，还有像四节球棒一样的阴茎！澳大利亚的许多动物都是食蚁动物。与食蚁动物一样，针鼹具有一个长长的黏黏的舌头、强有力的前肢和对社会性昆虫的良好食欲。但是，它们之间的相似之处也只有这些了。针鼹甚至也不是有袋动物，而是属于单孔类动物（即具有一个“孔”的动物）。之所以这么命名，是因为像鸟类和爬行动物一样，它们只有一个孔或者泄殖腔用来进行排泄和生殖。与鸭嘴兽一起，有四种针鼹被认为是在1.8亿年前的侏罗纪时代，被称为泛大陆的超级大陆开始分开之前从北方相应的动物中分离出来的南方哺乳动物的唯一后代。这使得它们成为目前存活的最古老的哺乳动物类群。

澳洲针鼹（Tachyglossus aculeatus，拉丁学名的意思是多刺而能快速活动的舌头）是澳大利亚分布最广的哺乳动物。它们是胆怯、孤独的动物，生活在大片的开阔地中（没有人看见过针鼹打架）。它们有两个逃避敌害的策略："变成一个刺球”和“变成沉底的船”（针鼹能够往地下挖洞，一直挖到只露出它们的刺）。针鼹是体温最低的哺乳动物，能够通过把体温降低到4℃以及每三分钟呼吸一次的方法来保存能量。为了使身体变暖，它们能够平躺在阳光下，就像一张带刺的毛毯。为了使体温下降，它们便利用身上的刺来散热，就像大象的耳朵一样。它们可以活到50岁。

针鼹在冬天交配。这时由一群雄针鼹组成的一列缓慢行进的“爱的火车”跟在一只释放信息素的雌针鼹后面。这种拖着脚步慢慢进行的过程能够持续一个多月。只要这只雌针鼹准备好了，它就会用前肢趴在一个树干上，这时雄针鼹就会围绕着这棵树挖一个25厘米深的环形壕沟。然后，它们就开始为得到能够与这只雌针鼹交配的荣誉而竞争，互相用头部轻轻地攻击对方。获胜的雄针鼹会躺在壕沟里自己那一侧，将身体的一部分靠在雌针鼹的身下，然后抽出它那形状古怪的家伙进行交配，并且用自己的腹部挤压雌针鼹的腹部。3周以后，雌针鼹就会产下一枚形状像葡萄一样的卵，再由这枚卵孵化出一个弯曲扭动的、像豆角一样的幼仔。经过8周的快速生长，幼仔便被转移到洞穴中，这时它的刺也开始长出来了。

相对于其他种类而言，没有比新几内亚的长吻针鼹（Zaglossus bruijni，德布鲁因的语言中是“长舌头”的意思）更神秘的了。下面就是我们已经知道的它的一些特点：体型和鼻子是澳洲针鼹的两倍；多毛；主要以蚯蚓为食，用舌头上特殊的刺扎进蚯蚓的身体，然后像吃意大利细面条一样将它们吸进去；夜行性；经常抽鼻子。也可以说，其他的关于它的一切就都是猜测了。我们认为长吻针鼹有三个亚种，其中的一个亚种（由戴维·阿滕伯勒爵士起了一个相当可爱的名字）仅限于一个1961年发现的、已经死亡的标本。另外两个亚种是可爱的、令人好奇的动物，看上去就像长着四条腿的几维鸟，而且很容易驯养。这也使得它们很容易被猎获，自从欧洲人来到这里之后，杀害神圣动物的禁忌被破除了。巴布亚部落用狗来追杀它们，并将它们烘烤作为美味佳肴来供人食用。还剩下多少只针鼹了，我们不知道……

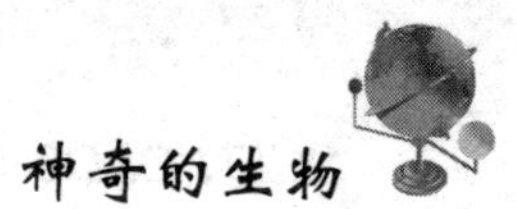

神奇的鳗鲡

没有人知道“鳗鲡”这个词是从哪儿来的。在20世纪20年代之前，也没有人知道鳗鲡本身是从哪儿来的。亚里士多德坚持说鳗鲡是从腐烂的海草中自发产生的。老普林尼认为它们是与岩石相摩擦后，皮肤上掉下来的碎片形成的生命。其他一些想象中的提议还有：它们是由五月早晨的露水、鱼鳃和落到水中的马鬃变成的。鳗鲡令人惊异的生活史是由丹麦的海洋学者约翰尼斯·施米特（1877—1933）最先揭示的。1905年，丹麦政府派他去搞清鳗鲡的产卵地。乘着一只小船，他便动身去全世界的海洋中用拖网捕鱼去了。这一去就花了他16年的时间。

似乎欧洲和美洲所有的淡水鳗鲡（即欧鳗，Anguilla anguilla）都是像海水鱼类一样，出生于马尾藻海。这是围绕着百慕大群岛的北大西洋中一片神奇而平静的区域，它的面积为518万平方千米，并且遍布着马尾藻类海草。鳗鲡出生后呈浆果一样的气泡在海上漂流，因此它的名字也来自于古老的葡萄牙语中的“葡萄”一词。从这里开始，幼年鳗鲡被穿过大西洋的海湾流带到4800千米以外的欧洲，然后进入河口，在那里它们奇迹般地变成了淡水动物。它们没有特别地选择进入某一条河流，而是形成一个宽带向着海岸冲击，游进它们所遇到的任何一条河流中。因此，像塞文河这样具有宽阔的西向河口的河流里会涌进很多鳗鲡。不论要游多远的距离，它们都要到达自己的目的地，在跨越障碍物的时候往往有好几万条鳗鲡堆积在一起。等到了目的地以后，鳗鲡就会安心地生活在河水里，直到它们达到性成熟。而到了性成熟（6岁到40岁之间）以后，它们又准备重新游回到马尾藻海了。它们的身体发生了戏剧性的变化，背部颜色变深了，腹部却变成了银白色。它们变得健

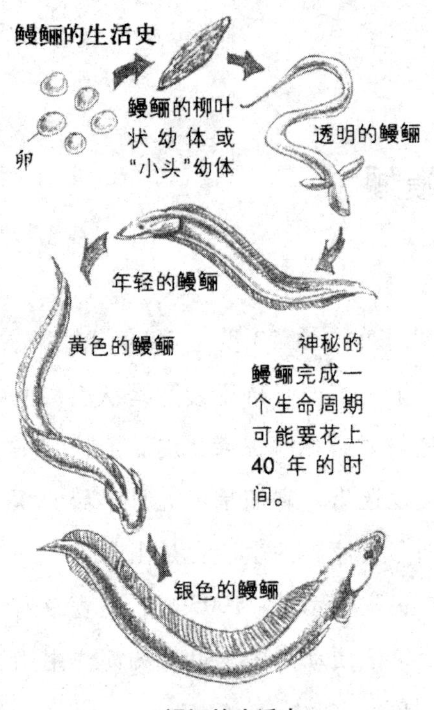

鳗鲡的生活史

壮了，储存了大量的脂肪，这些都是它们进行长距离洄游所必需的。它们的眼睛变大了，头变尖了，鼻孔扩张，体内含盐量减少，性器官增大，它们的鳔也变得可以承受住每平方厘米 155 千克的压力。

一旦回到马尾藻海之后，雌鳗鲡便开始产卵，雄鳗鲡则进行授精，不久它们都会因精疲力竭而死去，目前人们都是这么认为的。如今，大家都已经知道了鳗鲡出生于马尾藻海，但却从来没有人去证实过，没有人在那里看见过鳗鲡产卵或者死去。谨慎的科学家宁愿说马尾藻海是鳗鲡假定的繁殖地。因为在那里发现过青年鳗鲡，但既没有见过成年鳗鲡也没有见过它们的卵。从来没有一只鳗鲡被人工饲养过。等你抓住一只鳗鲡时，它的生殖系统就已经完全停止工作了，就好像是要故意保守这个秘密。西格蒙德·弗洛伊德曾经决心寻找这个答案。他在的里雅斯特工作时解剖了几百条鳗鲡，打算观察它们的性器官是怎样工作的。等试验完成后，他发表了一篇论文，得出的结论是：他所做的一切研究都是在浪费时间。弗洛伊德再也不会像刚开始的时候那样渴望了解鳗鲡了。

神奇的雪貂

雪貂是鼬科中唯一被驯养的动物，作为宠物的雪貂的数量在不断增长。从表面上看这是很令人惊讶的。它们的拉丁学名 Mustela putorius furo 可以翻译为“带着麝香一样的臭味的贼”，尽管它们的大多数坏名声都是继承的。雪貂是由欧洲鸡鼬驯养而来的。鸡鼬是一种被农夫和猎场看守人所轻视的动物，由于被大量的猎杀、捕捉和用毒气攻击，19 世纪在英国的大部分地区已濒临灭绝。鸡鼬也被称为“鸡貂”或者“臭貂”，是给鸡舍带来灾祸的动物，但也可以帮助人类控制野兔和老鼠的数量。早在 2000 多年前开始被驯养后，它的这种天然的能力就得到了开发利用。

鸡鼬和雪貂很容易继续进行杂交。具有讽刺意义的是，正是因为野生鸡鼬所具有的条纹使得雪貂成为非常奇妙的宠物。与呆笨的、草食的社会性啮齿动物（如仓鼠和豚鼠等）不同，家养雪貂成为一个独居的捕食者，就像家猫一样是一个纯粹的肉食动物。但是雪貂并不像猫那样冷漠，它们像小狗一样好奇、大胆和响应主人的命令。你可以训练它走到自己的名字跟前或者带着它一起散步时让它带路。它们在后院搜索时，好奇的习性使它们对在野兔的洞穴里发起致命的攻击表现出极大的兴趣。它的一个特技是跳“战争舞”，包括往后跳和向侧面跳，并且激动得吱吱叫。对于单身的专业人员来说，它们作为宠物的特殊价值，在于它们每天要睡上 18 个小时，很少发出噪音，但它们却时刻准备着等你回到家时献上一个令人振奋的激情表演。

它们也有不利的方面。尽管它们会把住处打扫得很干净，但还是会散发难闻的气味，同时即使是照看得很好的雪貂，在室内活动时也显得野性太强了一点。而且，它们天生就对各种事情都具有很高的兴致，所以很难让它们保持平静的心情。在一座房子里，它们经常会消失在墙洞里、屋门后，进入橱柜里，跳到沙发和洗碗机等用具的后面，而在这些地方它们是很容易被压扁的。如果它们逃走了，它们也没有返巢的本能。在交配季节，如果雌雪貂不能交配，它们就会生病。一个最简单的方法就是用不育的雄性为幼仔提供服务：一只自由的雄雪貂一年可以照看 15 只幼仔。但是要警惕：雪貂的性交是龌龊的、粗野的，持续时间也很长。雄雪貂比雌雪貂的个头大得多，而且阴茎的形状就像一根曲棍球杆，当它沉迷于咬住雌雪貂的脖子粗野地施暴的时候，可以把阴茎锁在雌雪貂的阴道里好几个小时。与雌猫一样，雌雪貂在释放卵子之前似乎需要某种程度的不太愉快的性交前戏。

雪貂也会得一些跟人类一样的严重疾病。淋巴癌和胰腺癌都是相对比较常见的病，而且它们还容易得跟压力有关的病，经常很沮丧，特别是与同伴分离的时候。它们经常拒绝饮食，好几个星期闷闷不乐。这使得它们比其他动物，如一只沙鼠，更容易移情，这也使它们能够成功地开展“宠物治疗”。与雪貂相处一个小时似乎就相当于给刚从重病中恢复过来的老年人、抑郁者或孩子们吃有益的滋补品。

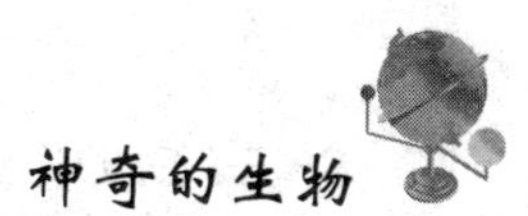

神奇的箭毒蛙

在神话故事中，青蛙是既丑陋又仁慈的，而在现实生活中，它们既有惊人的可爱之处又有致命的危险。确实是这样，至少生活在南美洲的全身色彩斑斓的箭毒蛙就是这样的。它们的身体上布满了氖红色、亮橙色、酸绿色、紫色和蓝色，几乎包含了全部的可见光谱。它们的眼睛长得像宝石一样。

世界上具有最为致命的毒性的蛙类是金色箭毒蛙。有时候它的体色为薄荷绿，有时候为柯达黄。它的身体还没有一个瓶盖大，但它的毒性却足以杀死20 000只老鼠或者10 个成人。还不到三粒盐的重量的蛙毒，就足以将一个人杀死。箭毒蛙名字的由来，是因为原始部落人将它的毒液涂抹在吹矢枪的发射物上。这是1823 年由詹姆斯·科克伦船长首次发现的，他还发现了他们是怎样提取毒素的：用鱼叉叉住箭毒蛙，它感到痛苦时就会将毒液渗出。世界上第二毒的蛙类是生活在哥伦比亚的两色箭毒蛙（Phyllobates bicolor）。它的身体是亮橙色或黄色，腿是深蓝色。当地人将其放在火上加热来提取毒液。

一般来说，越是漂亮的蛙类毒性就越强。这种颜色被称为警戒色，源于希腊语中的“警戒标记”一词。栖息于厄瓜多尔的三色箭毒蛙（Epipedobates tricolor）身体很小，身上有红色及白色的条纹，既好像是穿着森德兰 FC 球队的条纹运动服，又好像是模仿红白条相间的理发店招牌。好笑吧？当然不是，它会杀了你的。

这种爱的“抱合”一直要持续到雌蛙排出卵子以便让雄蛙授精。

一些雄蛙长有黏性的“婚垫”，可以将其与雌蛙锁在一起。

蛙的求爱

另外一些种类并没有毒，但它们的外表却跟这些有毒的蛙类看上去很相像。哥

有时好色的雄蛙会错误地骑在一只旧靴子或者死鱼的身上。

斯达黎加的红眼树蛙身体为绿色，体侧有蓝黄相间的条纹，脚趾为橘黄色，眼睛呈鲜猩红色，叫声特别像小响尾蛇，但它却一点毒性都没有。这就是“贝氏拟态”，也叫“警戒拟态”，是亨利·瓦尔特·贝茨（1825—1892）发现的。他与阿尔弗烈德·罗素·华莱士一起，在亚马孙河流域度过了7年的时光，并发现了8000个科学上的新物种。

奇异多指节蟾（Pseudis para-doxa）是一种非常奇怪的蛙类，它的蝌蚪的体长居然是成体的3倍多！但是这种蛙和它的“怪物”后代就是这样紧密相连。目前蛙类已知有5000多种，并且不断有新的种类被发现，仅2002年一年在斯里兰卡就发现了100个新种。

但是它们也在以一个惊人的速度逐渐消失，由于它们依靠皮肤来帮助呼吸，三分之一的蛙类都处于灭绝的危险中。尽管蛙类的毒素有时对人类是有害的，但是人类带给蛙类的却是更加致命的伤害，这对人类和蛙类来说都是个悲剧。蛙类的毒素主要是生物碱，如可卡因、烟碱、咖啡碱和奎宁等。科学家们发现这些美丽的“怪物”是一座活体医药库，那些致命的毒素可以转化为治疗癌症和老年痴呆症的药物。生活在厄瓜多尔的三色箭毒蛙产生的毒素，其止痛药效是吗啡的200倍。金色箭毒蛙（Phyllobates terribilis）的毒素的止痛药效则是吗啡的600倍，而且这两种止痛药都是不上瘾的，也没有副作用。在另外一些蛙类中可以提取松弛肌肉、刺激心脏，以及治疗中风、细菌感染和抑郁症的药物。如此看来，蛙类简直就是动物王国中的王子。

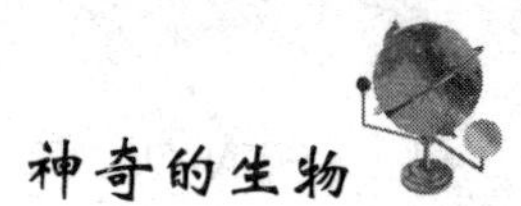

神奇的象龟

2006年，印度人克莱文私人豢养的宠物——一只名叫艾德维蒂亚的阿尔达布拉象龟（Geochelone gigantes）在加尔各答动物园去世了，享年255岁。艾德维蒂亚是迄今为止我们所知道的地球上寿命最长的动物居民。从莫扎特和法国大革命的时代生命开始，到通过美国有线电视新闻网（CNN）来宣告生命结束，想象它的一生的确让人觉得非常的惊异。龟的长寿取决于缓慢的繁殖速率。象龟是大型的冷血食草动物，新陈代谢缓慢，至少得经过30年才能达到性成熟，而且成年以后它们几乎没有天敌。但它们的幼龟可就没那么幸运了，即使隔离在岛屿上也没能使它们得到保护：只有十分之一的幼龟能够活到青春期。因此，长寿就意味着它们可以有较多的机会来传递自己的基因。

象龟的起源可以追溯到5000万年前，那时的第一批海龟自己爬到岸上。它们能够开发大型植食恐龙留下的小生境，然后开始长大。有一种跟小汽车一样大的巨象龟（Colossochelysatlas）曾经遍布整个地球，甚至定居到南极。

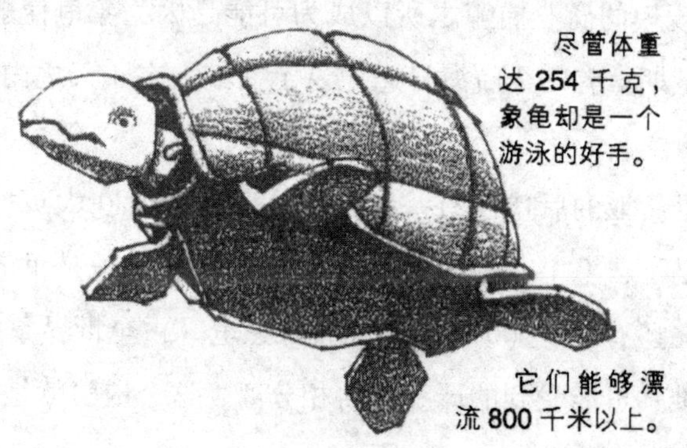

龟游艇

但是随着气候的变冷和人类的精明能干宣告了它们的灭绝（龟壳本来是对牙齿和爪子的保护装置，但是却变成了人们架在火上的一体式蒸锅）。1750 年，当艾德维蒂亚眨着眼从它的壳里露出头时，虽然在大陆上已经再也没有象龟存活了，但是还有 250 种龟在没有天敌的岛上舒服地晒着太阳，到了今天这些龟也仅剩下 12 种了，而且除了一种外，所有的种类都处于濒危状态。

象龟的头在逐渐长大，慢慢地会大到不能缩进自己的壳里了。它们活了如此之久也没有遭到过攻击，甚至是在它的保护壳不起作用的情况下也是如此。遗憾的是，它们却因为肉味鲜美而蒙难。尽管达尔文（他的自然选择理论的很多内容都要归功于加拉帕戈斯象龟）认为象龟的食用价值是无关紧要的，但是早期的消费情况却是令人欣喜若狂。一只象龟可以满足好几个人食用，不论是它的肉还是脂肪都很容易被消化，食用它们的肝是无与伦比的享受，它们的骨头里面还有丰富而美味的骨髓。还有它的蛋，也是人们曾经吃过的最好的蛋。象龟对于水手来说是很有用的，因为在没有食物和水的情况下，它们能在船上至少活上 6 个月。平时可以随意地在它们的背上堆放东西，一旦需要的时候，就可以把它们杀死并吃掉。更有利的是，因为它们可以一口气喝上十几升的水，然后把水保存在一个特殊的膀胱里，因此小心宰杀的龟也是一个凉爽的、可以饮用的水源。

一点都不用感到奇怪，从第一次发现象龟到它获得自己的学名总共花了 300 年的时间：因为标本往往还没到科学家的手里就被全部吃掉了。更糟糕的是，19 世纪大规模的商业捕鲸之所以成为可能是因为象龟使船每次都能在海上停留好几个星期。有一个航海日志记录了捕鲸人在 4 天之内将 14 吨活龟放在一条船的甲板上。

但愿艾德维蒂亚的后代还有一线希望。1875 年，在大英博物馆的阿尔贝特·冈特的鼓励下，毛里求斯政府宣布阿尔达布拉象龟是世界上最早受到保护的物种。现在还有 152 000 只阿尔达布拉象龟（占全世界象龟种群的 90%）幸福地与它们唯一可能受到的严重威胁相分离，这个威胁就是我们人类。

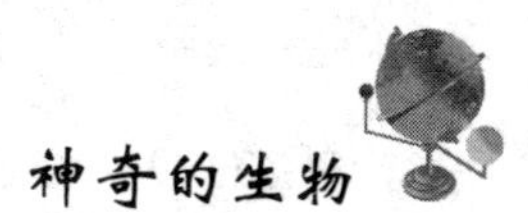

神奇的麝雉

极少数鸟仅以咀嚼植物为食。因为植物太重，能量又低，不好消化，对于飞行来说不是理想的燃料。但是在南美河流湿地有一种奇怪的麝雉（Opisthocomushoazjn）却长着一个像牛胃一样的嗉囊用以消化树叶。

麝雉的嗉囊是庞大的，比它的胃要大50倍，重量大约是它体重的三分之一。与大多数鸟不一样，麝雉的嗉囊要进行很多繁重的消化工作，而不仅仅是用来储存食物。像牛的前胃一样，麝雉的嗉囊里装满了用于消化树叶中的纤维素的细菌和酶。令人吃惊的是，它能消化掉食物中70%的纤维素，不过跟牛一样，这需要花费很多时间。麝雉在一次进食之后，需要用两天的时间来消化，是鸟类中最慢的一个。

麝雉也有像牛一样吃东西散发臭味的毛病，这就是麝雉被称为“臭鸟”的原因。像肥料一样的臭味是嗉囊里的脂肪酸发酵产生的，这也使它们大多数没有进入人类的食物链，尽管它们的蛋是可以吃的。勇敢的美国鸟类学家威廉·毕伯在1909年将麝雉煮熟并吃了它的肉，他声称麝雉的肉干净味美。最近，微生物学家研究了麝雉嗉囊的细菌，因为它能够化解食物中的有毒树叶的毒性。如果牛和羊有这个特性，那么它们的食物范围就会更宽，人类的收益也会更大。

麝雉是群居性鸟类，5～15只组成一群，大小和笨拙的程度都跟鸡差不多。它们的体重使得它们不那么善于飞行。它们每天有四分之三的时间是在休息、展开羽毛吸收阳光和消化有毒的早餐。它们看起来比较原始，蓬松的羽毛呈赤褐色和浅褐色，脸部为亮蓝色，眼睛呈鲜红色，眼睫毛很长，头上的冠羽长而尖。麝雉也是很嘈杂的鸟类，它们会不断地发出呼噜声、呼哧声和嘶嘶声。

麝雉到底是什么鸟？分类学家仍旧没有一致的看法，即使采用遗传分析法也无法将其归为现存鸟类的任何一类。在相当长的一段时间内将它们归为雉鸡类（阿兹特克人称它们为猎鸟），后来归为杜鹃类，再后来又归为鸠鸽类。就像哺乳动物中的土豚一样，目前大多数关于麝雉的参考资料都将其列为麝雉目下的单一种，其特征——后面有长的毛，指的就是麝雉的大羽冠。

缓冲嗉囊

麝雉幼鸟具有与第一鸟化石——始祖鸟相同的特征：它的两个前肢上长有两个爪。如果受到打扰，只有三天大的小鸟就会跳入水中，再用它们的两个爪抓树枝爬回巢中，就像小猴子一样。前肢的爪是一种原始的特征，也是对在湿地环境生活的一种奇特的适应。随着幼鸟的长大，爪就会消失。

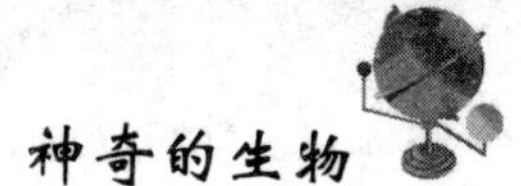

神奇的蜂鸟

吸蜜蜂鸟（Mellisuga helenae）是世界上体型最小的鸟，它的体重比一枚硬币还要轻。蜂鸟共有 320 种，虽然它们长有羽毛的翅膀上只有不算太多的肌肉，但是却拥有一个功能非常强大的脑。如果按照跟身体的比例来比较，蜂鸟的脑量会是人的两倍，这使它们可以做出很多大型动物无法完成的事情。

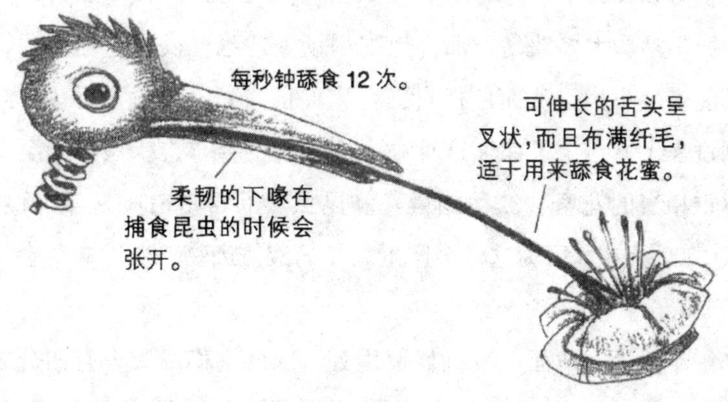

舔食而不是吸食

和人类一样，蜂鸟对于时间有准确的感觉。棕煌蜂鸟（Selasphorus rufus）不但能够记住它的食物在什么地方，而且知道是什么时候最后一次在哪里采食的。它们会留出充足的时间，使花朵生长出足够的花蜜，才会再次光顾那里。它们是能利用声音，而不是仅仅依靠本能进行交流的六类动物之一。人类、鲸鱼和蝙蝠能做这样的交流，而在其他鸟类中，仅有鹦鹉和鸣禽通过模仿来学会这种技能。大脑前叶的特殊结构控制着对声音的学习，而且这种技能似乎在所有这三类鸟类中都已经有了各自独立的进化。对于蜂鸟来说，这种技能的进化是由于它们严格地维护自己的领地的需要。由于它们舔食花蜜的生活方式需要花费大量的能量，所以让它的邻居们远离自己的蜜源是保证自己生存的必要条件，而鸣叫就是最有效的方式。

蜂鸟一边悬在空中一边从花朵中觅食，这种独特的本领也需要特殊的大脑进行协调。它们比其他鸟类能够看到更多范围内的紫外线光谱（可能有助于识别花朵），它们大脑的很大一部分专门用于视觉调整，使之能够准确聚焦，这样即使翅膀每秒钟扇动 200 次，产生的气流也不会使它们在采食的时候身体偏离。这跟它们聪明劲儿一样，同样也是源于它们惊人的生理需求。相对于身体的比例，蜂鸟的心脏比其他所有动物的都大，新陈代谢也最快。在一分钟内，它们心脏的跳动能达到 1200 次以上，呼吸达到 500 次之多。

它们的飞行技术不同于其他鸟类，而更接近于大黄蜂，球状肩关节使得它们的翅膀可以在各个方向转动 180°。当它们飞行的时候，翅尖沿 8 字形水平扇动，而不是像大多数鸟类那样上下扇动。这也就表示它们在扬翅和扇翅的时候都能产生举力，从而使得自己可以向前飞行、向后飞行，甚至可以将身体颠倒过来飞行。为了保证这种高强度运动的要求，蜂鸟每天至少要采食和自己体重相当的花蜜（获得能量）和昆虫（获得蛋白质），这就意味着平均要光顾 1500 朵花。因为这样会产生大量的液体废物，所以蜂鸟会不断地滴出尿液。

蜂鸟细小的爪在地面上没有任何用处，因此它们一天中有四分之三的时间栖息在树枝上以便保存体力。到了晚上，有些种类会以一种近似休眠的状态来把能耗降至最低，它们的新陈代谢水平骤然跌落，体温也会下降一半。

蜂鸟羽毛有两种基本的颜色：红褐色和黑色。我们所见到的奇异的羽色变化是由于黑色素颗粒和羽毛中的细小气泡造成的，光线在其中折射后产生了一种金属光泽。光线必须在一个正确的角度照射蜂鸟，我们才会看到它们绚丽的羽毛，否则我们只能看到暗淡的“色素”的颜色。

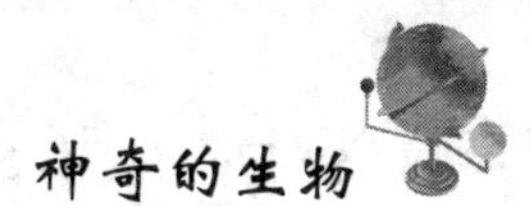

神奇的科莫多巨蜥

科莫多巨蜥（Varnus komodoensis）体长3米，体重超过127千克，是最大的现生蜥蜴。而且是现生的最大的能够单性生殖（源自于希腊语，意思是"原始生育"）的陆生动物。

2006年，在英国动物园中饲养的三只科莫多巨蜥，虽然并没有跟雄性接触过，但是其中的两只还是生育了幼仔。它们通过一种称作自体受精的过程完成了生育。科莫多巨蜥如同鸟类一样（不同于哺乳动物），在雌性个体内携带有两种不同的性染色体：Z为雄性染色体，W为雌性染色体。每一个正常的主卵细胞（ZW）上沾附着一个含有母体全部遗传信息的小型卵细胞。当没有精子时，这个小型卵细胞会被再吸收，并且使主卵细胞受精，产生出一副雄性（ZZ）异卵双胞胎。

这种生殖方式可能曾经作为一种生存机制进化而来。科莫多巨蜥水性极好，目前只在印度尼西亚群岛中部的几个小岛上有发现。一只孤单的科莫多巨蜥通过与自己后代交配就能够繁衍并迁移到一个新的岛屿上。

科莫多巨蜥生活在岛屿上的森林中，尽管当地关于这种凶猛的巨蜥的传说很多，但是直到1910年，它才被西方科学家首次发现。1926年，一位叫做W. 道格拉斯·伯丹的富豪探险家，带领一支探险队企图捉到一只活的科莫多巨蜥。他没有成功，但是他的探险经历激发了好莱坞制作人梅林·C. 库珀在1933年拍摄影片《金刚》。

人们常常把科莫多巨蜥称作"活的恐龙"，但是与鸟和鳄鱼不同，它们不是恐龙直接的后代。科莫多巨蜥属于巨蜥类，与其亲缘关系最近的动物是鬣蜥和蛇。它们是可怕的食肉动物，长有扁平呈锯齿状的牙齿（更像鲨鱼的牙齿而不像其他爬行动物的牙齿）和弯曲有力的爪。它们能造成致命的咬伤，并且具有传说中的“杀手唾液”，因为在它的唾液中含有有毒细菌分泌的15种毒素。但是最近的研究已经确认科莫多巨蜥本身也具有毒性，它口中的腺体能分泌毒性极强的毒素。

作为所生活的岛屿上的顶级捕食者，与世隔绝的生活环境使它们能长成巨大的体型。在进化的早期，它们能捕食现在已经灭绝的俾格米象，但是现在喜欢捕食水牛、鹿、山羊或者幼小的同类。为了避免被猎杀，幼小的科莫多巨蜥会在树梢上度过自己的幼年，一旦遇到被同类杀戮的危险，它们就会机警地采用滚到猎物的粪便中的防御方法，使自己尽可能地不引起同类长辈的食欲。

科莫多巨蜥一个月进食一次，能狼吞虎咽地一口气就吃掉相当于自身体重四分之三的食物。然后，它们就躺在温暖的阳光底下来促进消化和防止胃里的食物腐烂。可以肯定的是，它们的交配过程是充满暴力的。雄性以后腿为支撑站立起来，并扭动身体，以此来建立自己的强势地位。一旦得逞，就会把自己的两个阴茎之一插入雌性的身体下面，并且在整个交配过程中尽可能长时间地控制住雌性。

它们具有较高的智力。人工饲养的科莫多巨蜥能认识它们的饲养员，而且能够施展一些简单的伎俩。菲利普·布朗斯坦因是一名报纸编辑，也曾经是莎伦·斯通的丈夫，他的遭遇提醒你一定要穿鞋子。2001年，在洛杉矶动物园，他曾经被一只“温顺”的科莫多巨蜥严重地弄伤了脚。

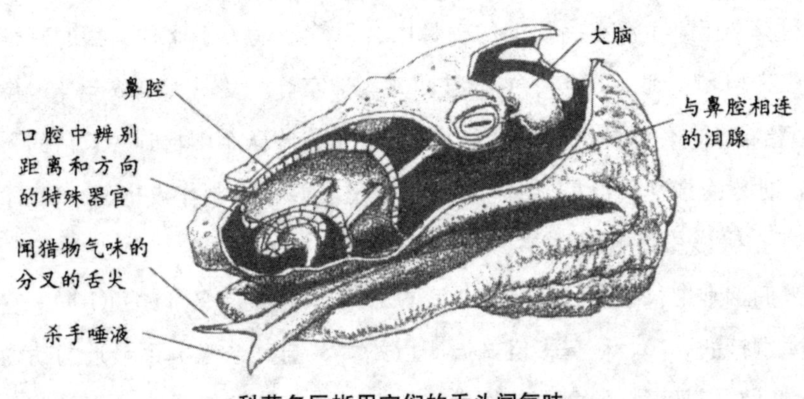

科莫多巨蜥用它们的舌头闻气味

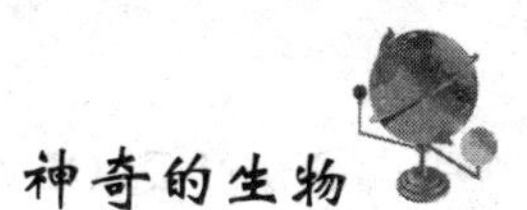

神奇的龙虾

龙虾的英文名字lobster来自古英语“loppestre”一词，这个词是拉丁语蝗虫（locusta）和古英语蜘蛛（1oppe）碰撞出来的产物。因为都属于节肢动物，所以它们之间的亲缘关系很近。最出名的龙虾是欧洲龙虾和美洲龙虾，但龙虾总共大约有50种，包括驼背蝗龙虾、绒扇龙虾和音乐毛龙虾。1.4亿年前的龙虾的样子和现在的非常相像，假如你在饭桌上吃上一只，根本看不出有什么区别。

龙虾游泳的速度快得惊人：一条弯曲的尾巴可以使它们以每秒钟4.6米的速度在水中疾驰。跟踪调查发现，为了寻找食物和交配对象，有些龙虾在一年内的活动范围超过160千米。龙虾的受精过程涉及很多蜕皮和排泄尿液的过程。像老鼠一样，龙虾也是依靠它们的尿液来进行交流的。在它们的头部长有两个便利的尿囊，尿液与水混合后，能从鳃里喷射到有可能成为自己交配对象的龙虾的面部。雌性和雄性龙虾通常一碰面就会互相攻击，但幸运的是，雄性龙虾发现蜕皮雌性龙虾排出的尿液时可以激发它的性欲。雄性龙虾隐蔽在岩石后面，把自己的尿液从岩石的缝隙中喷射出去，然后静静地等待。准备蜕皮的雌性龙虾靠近了，而且也用排泄尿液的方式作为回应。它们采用雄性在上雌性在下面对面的“传教士体位”姿势进行交配。雄性龙虾用它的游泳足打开雌性的储精囊，在用足做出一些亲热的嬉戏举动之后，雄性龙虾就会把胶状的精子囊

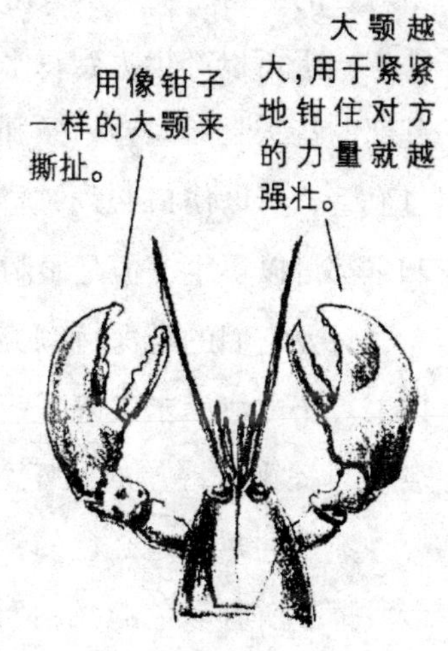

古怪的用钳礼节

早期的新英格兰居民认为龙虾并没有什么可吃的。当暴风雨把它们吹到岸边的时候，农民们只是把它们当作家畜的饲料或肥料，以及仅仅作为犯人的食物。

射入雌性的储精囊里。之后雄性龙虾会一直保护雌性，直到它的甲壳变硬，这需要大约两周的时间，然后彼此又恢复了敌对的状态。

为了生长，龙虾必须进行蜕皮。因为生长在内脏中用于磨碎食物的几丁质齿也是其外骨骼的一部分，它必须脱出自己从咽部、胃部一直到肛门的消化道中的内衬才能完成蜕皮过程，解放自己。不是所有的龙虾都会在蜕皮过程中幸存下来。由于蜕皮也使得辨别龙虾的年龄变得困难，因此许多我们所吃的龙虾都超过了 20 年，但是一只大的龙虾会像一只拉布拉多拾猎犬一样重，也许已经在海底潜伏了一个多世纪了。

打斗中的龙虾会互相锁住碾压钳，直到其中一方屈服。有时候它们会攻击对方的触角、腿、爪或眼睛。一对巨大的碾压钳在一个小的物体（如人的手指）上可以产生大到每平方厘米 70 千克的压力。为了逃跑，龙虾会通过腿基部的特殊肌肉抛弃一条腿。由于龙虾的血液是通过体腔流动的，而不是经过血管，所以伤口必须被立即封住，否则就会因失血过多而死亡。触角、腿和爪都可以再生，但是眼睛不能。

只要它们的鳃保持潮湿，龙虾就能够呼吸。离开水它们也可以存活一周以上。法国浪漫主义诗人钱拉·德·奈瓦尔习惯于用一根蓝色带子牵着他的名叫“提鲍尔特”的龙虾宠物在巴黎散步。

蒸熟的龙虾是红色的，因为沸水改变了甲壳中的蛋白分子形态，使得它吸收掉了所有颜色的光，而只反射红光。没有明显证据表明龙虾是否会感觉得到疼痛。没有绝对人道的方法来杀死它们，沸水可能是最快的手段。

神奇的鼹鼠

鼹鼠不是瞎子，但是它们的像针头一样的眼睛仅在黑暗中有一些光感而已。真正使它们能够生存下来的是它们的鼻子，它们更多的是用鼻子来“感觉”事物而不仅仅是闻味。

星鼻鼹（Condylura cristata）的鼻子是独一无二的，看上去就像一只粉红色的海葵，但是它具有22个指状的、无法抓取东西的“手”，鼹鼠就是利用这只“手”来描绘它所生活的地下世界的完美图案的。它鼻子上神经末梢的密度比阴蒂上的平均水平还要高，所用的脑量与其他哺乳动物的视觉系统所用的脑量相似，因此鼹鼠的鼻子更像是眼睛而不是手。

星鼻鼹还保持着另外两个纪录。它是反应最快的哺乳动物：定位、鉴别并吃掉一只昆虫幼虫平均只需花上227毫秒，这比我们读出“鼹鼠”这个词的时间还要短，比大多数人遇到红灯时踩刹车的速度还要快3倍。它也是唯一在水下“闻味”的哺乳动物，它用鼻孔吹出大的气泡，就像小孩在吹一个泡泡糖。

如果鼹鼠8个小时不吃东西，它就会死掉。欧鼹（Talpa europaea）的食物主要是蚯蚓，它们的隧道是使蚯蚓跌落其中的陷阱。它们一天需要吃掉大约100条蚯蚓。通过咬掉蚯蚓头部的方式使它们不能动弹，鼹鼠在它们的地下“仓库”里能够保存500只以上的活蚯蚓。鼹鼠喝得也很多，在它们的隧道中至少有一个是通向沟渠或池塘的。与神话里所描述的相反，鼹鼠不吃植物的根和其他蔬菜类食物。

如果食物短缺，鼹鼠会用一天的时间挖掘出一个45米长的新隧道，这相当于一个人每20分钟搬动4吨（大约是1000铲所挖出的重量）的东西。

鼹鼠不是夜间活动的动物，只不过我们很少能够碰见它们。实际上，鼹鼠是用4个小时来疯狂地挖掘和吃东西，再用4个小时来睡觉，以这样的周期交替着生活。鼹鼠单独活动，而且领域性很强，每一只鼹鼠的领域包含了4个足球场那么大的所有事物。这种孤独的生活仅仅能在每个春天它们进行交配的很少的几个小时中得到缓解，有时候它们会在地面上交配。

在一年的其他时间里，鼹鼠用它们的44颗牙齿来确保其他个体与自己保持一定的距离。这对于雌鼹鼠来说也是一样的，它还与另外的哺乳动物一道首先装备了一对“附有睾丸的卵巢”，可以在春天释放卵子，秋天则分泌睾丸激素，因为这个时候它们需要保卫它们的领地。雌雄鼹鼠是有区别的，雄鼹鼠比雌鼹鼠的体型稍大，它们挖掘隧道的行为也不相同。雌鼹鼠挖的是不规则的网状隧道，而雄鼹鼠挖的是一个个又长又直的隧道。

鼹鼠丘是非常好的土壤，常被园丁珍视并作为培育种子的混合肥料。在19世纪下半叶，鼹鼠皮使捕捉鼹鼠的人获得了一笔可观的收入。做一件背心需要100张鼹鼠皮。到了20世纪初，每年有几百万张鼹鼠皮从英国出口到美国。

目前，英国鼹鼠的种群数量估计在3500万只以上。在2002年，随着维克托·维廉森在桑德林姆宫的任职，皇家的捕鼹鼠行动又复苏了。

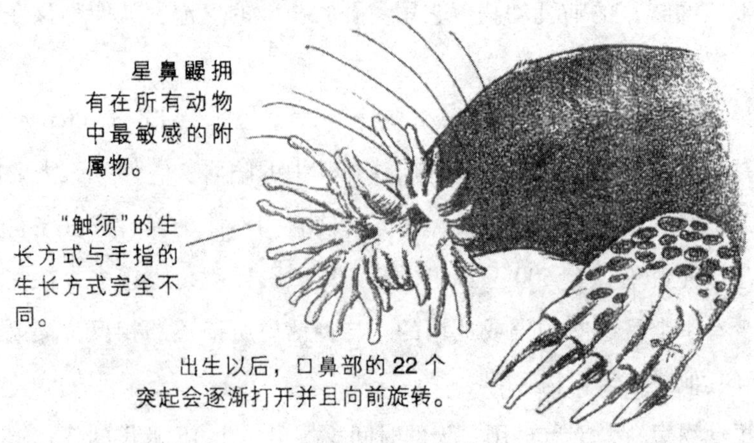

像星星的脸

神奇的驼鹿

即使留有充分的余地也可以说，驼鹿（Alces alces）是现生鹿科动物中体型最大的。成年雄驼鹿的体重大约是成年雄马鹿的 3 倍。仅驼鹿角的重量就超过了国际航班所允许的个人免费携带行李的重量（约22. 5 千克），而且也很宽，足够为小孩在鹿角的两叉之间悬挂一个吊床的了。驼鹿长得高大使其更能够适应寒冷的气候，因为它们只生活在北半球的高纬度地区。体型大对于保暖更为有利（因为身体表面积与体积的比例比较小，有利于防止热量的散失），这就是为什么冰河时期的哺乳动物都长得如此庞大的原因。

驼鹿具有双层的隔热体毛，长长的腿适于在雪中跋涉，即使是新生的幼仔似乎在零下 30℃的严寒中生活也很快乐。温暖的气候会给它们带来更多的麻烦：它们不能出汗，发酵的植物使它们的胃变成了一个熔炉。在冬天，如果温度在零下 5℃以上它们就会气喘吁吁，只好靠平卧在雪地上来降温。由于同样的原因，在夏天它们会花很多时间在水中跋涉。

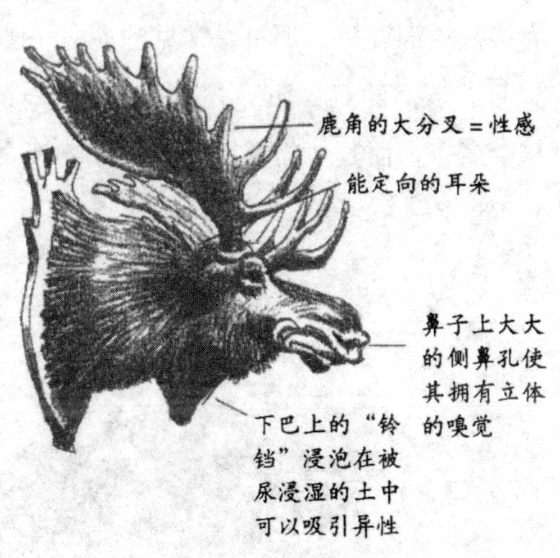

为什么脸这么长

驼鹿是出了名的很难被圈养的动物。与其他大多数鹿类（只要能吃到嫩枝或嫩草就会很高兴）不同，它们具有特殊的食性。一只成年雄性驼鹿每天需要吃相当于一大捆麦秆的植物，并且像牛一样进行反刍，从而最大程度地获取其中的营养价值。在秋天和冬天，为了获取能量它们会吃树叶、树皮和树枝。在春天和初夏为了获取钠，它们也会吃沼泽植物。商业性的饲养不可能维持它们的营养平衡，因此圈养的驼鹿很快就会死掉。它们对于盐的需求可以解释为什么你经常会在夏天看见驼鹿用嘴在道路上舔来舔去，这也是为什么驼鹿会花很长时间待在水里的原因。水生植物如百合和木贼等的体内都含有丰富的钠，驼鹿为了在池塘底部吃到这些植物有时会把自己完全淹没在水中。关于驼鹿“会潜水”的报道实际上有点夸大其词，因为它们的体型和庞大的身躯都极不适合在水下游泳。

驼鹿做得很好的事情是用它们具有膨大而下垂的上唇剥去树皮（它们没有上犬齿）。驼鹿的英文名字“moose”来自北美洲古印第安语中的“mooa-wa”一词，意思是“剥树皮的动物”。它们的双眼可以独立转动，这使得它们在往前看的同时也可以看到身后的情况。由软骨和肌肉组成的下垂的长鼻子用来帮助寻找食物和配偶是非常灵敏的。驼鹿肉质的鼻子没有被美国土著部落浪费掉。根据 18 世纪博物学家汤姆斯·彭南特的记载，驼鹿的鼻子是“食物中的精华，在整个加拿大都把驼鹿的鼻子当作最好吃的美味佳肴”。

在欧洲，驼鹿的名字叫“elks”，来自拉丁语中“alces”一词，最早是由朱利叶斯·恺撒在公元前 50 年起的名字。在青铜时代驼鹿就在英国灭绝了，但是它的名字却留了下来，被用于描述任何一种体型大的鹿类。当英国殖民者进入美洲以后，那里最常见的鹿——美洲马鹿（Cervus canadensis）使他们想起了它们的英国近亲——马鹿（Cervus elaphus）。结果它就获得了“elk”这个名字，而其他的那些大型的不熟悉的动物继续使用它在当地的名字——“驼鹿”。

神奇的章鱼

看上去，章鱼与人类有着无法想象的差异：没有我们常说的身体，只是在一个头上抽出 8 条腕（如果把它们叫做腿或者触手在生物学上是完全错误的）。值得高兴的是，研究发现，相对于自身体重，它们有一个比较大的脑，仅次于鸟类和哺乳动物，比任何其他动物都要大，而且它们很容易变得厌烦。如果被饲养在接近自然特性的环境中，它们会生长很快、学得很快而且能够记住很多被教过的东西；如果被饲养在裸露的容器中，这些特性都会变得很差。它们能够记住有可能会找到食物的地方，以及它们被捕捉过的地方。虽然章鱼大多数时候是独居的，但有证据表明，如果群居在一起，它们能够进行交流，建立等级制度并且会避免冲突。因为所有这些原因，章鱼在英国的实验室里享有同脊椎动物一样的法律地位。

章鱼所不擅长的是辨别其他同类的性别（章鱼在英语里复数形式是 octopuses 或者 octopodes，而不是 octopi，这个词来源于希腊语而不是拉丁语）。把两只章鱼放在一个容器里，它们就会进行交配，而不在乎对方的性别。相拥在一起的两只雄性章鱼，通常会在 30 秒钟之内若无其事地分开，但是有些时候这种雄性之间的拥抱会持续好几天。还有一种情况是，这两只拥抱在一起的章鱼甚至并不属于同一物种。尽管日本的艺术家固执地痴迷于用一条巨大的章鱼同时刺激妇女的 8 个性敏感区，但章鱼的交配是一件文雅的事情，在一个长度不超过它们的腕的距离内进行。雄性章鱼的 8 个腕之中有一个是用于交配的，因而与其他的腕有所不同：腕的下面有一个凹槽；顶端可以抓握，叫做唇舌，有些种类还可以充血膨胀，与哺乳动物的阴茎非常相似。雄性章鱼通过这个腕小心地把一包精子放入雌性章鱼外套膜上相对应的窄缝里（位于身体上或头部)。然后唇舌会折断，并留在了雌性的体内。雄性章鱼在交配后的几个月内就会死去。尽管章鱼能够再生缺失的肢体，但是却不能再生一个新的用于交配的腕。

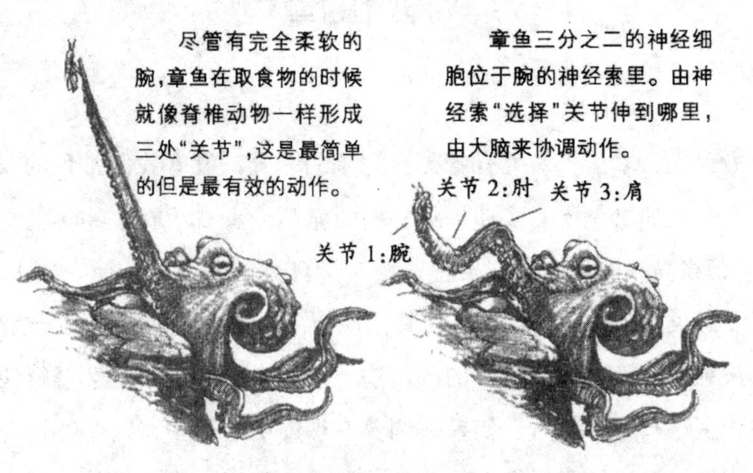

章鱼的关节

雄性紫毯章鱼有较高的性别辨认能力。它的技巧是折断自己用于交配的腕，放置在雌性身体的某个部位上，然后就游走并死去。假设这大致就相当于一条小小的鲱鱼靠近一条巨大的蓝鲸，而且雌性紫毯章鱼不可能注意到雄性的存在。之后，雄性离体的那条用于交配的腕会爬进雌性的鳃的裂缝里，并在那里存活长达一个月的时间，直到雌性的卵细胞成熟。然后雌性章鱼取出这条腕，像在一杯咖啡中加入一包糖一样，撕开它，把里面的精子洒在它的卵细胞上。

章鱼不但机智而且同样也很灵巧。它们能够打开果酱罐，以石头作为工具砸开贝壳，挥舞折断的水母触手当作武器。有些种类能靠两条腕来“行走”，看上去就像两足动物。它们利用自己身体肌肉进行的水流喷射产生的反作用力来前进，速度能达到每小时40千米。它们甚至能利用这种方式来“飞行”，把自己完全喷射出水面来逃避捕食者。因为章鱼没有骨骼，身体上唯一坚硬的部分只有像鹦鹉一样的喙，这使得它们能够挤过如同它们眼球一样小的间隙。

神奇的穿山甲

分子水平研究的新进展使我们能够勾勒出动物科一级分类进化树的轮廓并且转换到动物基因的水平上，并且已经取得了大量令人惊奇的发现。尤其是有关穿山甲（就像长有鳞片的食蚁兽）的研究成果更是处于遥遥领先的位置，它是一种令人惊奇而充满诱惑的哺乳动物，看上去如同一个长着腿的松树球。在相当长的一段时间里，它被列为食蚁兽和犰狳的同类，因为它的长相和行为与它们相似。但是它的基因揭示了一个完全不同的事实：它实际上是一种食肉动物，在它的鳞片下面的一切就像猫、狗和熊的兄弟一样。

穿山甲共有7种，4种分布在非洲，3种分布在亚洲，都隶属于仅包含这些种类的一个目——鳞甲目，意思是具有像角一样坚硬的皮肤的动物。除了两种之外，所有的穿山甲的尾巴均具有抓握功能，这可以帮助它们攀爬树木。它们大多数是夜行性动物，晚上从它们的巢穴中爬出来去采食蚂蚁和白蚁。和土豚类似（但是两者没有亲缘关系），它们主要依靠气味来发现猎物，用强壮的爪子扒开蚁巢，并且大口大口地“吸食”里面的猎物。生活在非洲的巨穿山甲（Manisgigantea）的舌头能伸长到40厘米。在不使用的时候，舌头就卷起来藏到胸腔深处的一个套状结构里。它们强壮的肌肉附着在骨盆上，舌头上布满了多得惊人的黏液，由位于胸部的一个大型腺体分泌而来。它们没有牙齿，而是像鸟类在砂囊中装石子一样，把一些小石子和沙砾吞咽到胃里，用来磨碎食物。

穿山甲有一个奇特的行走方式：当慢慢行走的时候，四只脚的脚趾反背向后，爪子向下弯曲，用趾背关节着地，很像是跪着行走。当它们打算加快速度的时候，就会只用后腿，摇摇摆摆地向前行走，并用尾巴来掌握平衡。

蚂蚁陷阱

处于饥饿状态的穿山甲能够在30分钟内把一窝昆虫吃个精光。它们是非常机智的捕食者，如果一个白蚁穴过于庞大，不能一次吃光的话，它们就会把它封起来，第二天再来。

穿山甲的英文名“Pangolin”来源于马来西亚语“peng_ goling”，意思是“卷曲的物体”。所有种类的穿山甲都能够把身体蜷曲成球状来保护自己。在尾巴上驮着幼仔的穿山甲，面对危险的时候，甚至也会把幼仔完全蜷裹在自己的身体里。它们鳞片的主要成分是角蛋白(跟人类的头发和指甲一样)，彼此叠盖，也能够竖起并像剪刀一样闭合，可以剪断包括手指在内的所有伸到它们之间的物体。在交配的时候，鳞片就不可避免地成为了一个麻烦。雌性和雄性穿山甲肩并肩躺在一起，前肢和尾巴纠缠在一起，从而使得雄性可以滑动到尾部的一侧。值得庆幸的是，母体中胎儿的鳞片在出生几天后才会变得坚硬。

除了遗传上的起源外，穿山甲还有一些令人感到神秘的地方。刚果民主共和国北部的土著居民——莱利人把穿山甲当作一个丰产的神灵来祭祀，因为它们虽然长有像鱼一样的鳞片却能够爬树；样子像蜥蜴却能哺乳幼仔；通常像人类和其他极少数动物一样，每胎只生育1个后代。具有讽刺意味的是，正是这些非常奇特之处使它们的生存受到了威胁，因为在整个非洲和亚洲，它们被作为祭祀的供品，它们的鳞片和身体的一些部位被用作装饰和传统的医药。

神奇的珍珠贝

你根本不可能在饭馆菜盘里的牡蛎身上找到一粒珍珠。尽管它们的名字在使用时经常混淆，但食用牡蛎与珍珠贝之间的亲缘关系就好像人类与猕猴之间的那样，并不是靠得很近。它们都是双壳类软体动物，固着在浅海地带的岩石上，以过滤水流中的海藻为食，但是它们在分类上属于完全不同的目，而且二者中只有一类能够生产达到商业尺寸和价值的珍珠。珍珠贝与扇贝的亲缘关系比较近，生活在热带海洋中，而且体型较大，可以食用。

另一个普遍的误解是，珍珠的形成是由于一颗沙砾进入了贝壳里面。如果事实果真如此，那么珍珠就会是平凡的物品，而不会成为具有很高价值的稀世珍宝。珍珠贝生活的环境中充满了沙砾，它们生活在沙砾的世界里，毫无疑问，它们在生活中会不停地吸入和吐出沙砾。珍珠的形成是由更重大的外来物体侵入刺激所引起的。这些侵入物体可能是一些小的碎片，例如骨头、贝壳或者珊瑚的碎片，但是在大多数情况下，这种侵入在很大程度上是蓄意造成的。珍珠贝被各种各样的寄生物所困扰，包括多种蠕虫、海绵和贻贝，它们钻透珍珠贝的贝壳，这种严重的刺激正是诱发珍珠形成的原因。

一旦被寄生物侵入，珍珠贝就会把寄生物隔离在“珍珠液囊”里。它的整个壳体的里层被一种膜所覆盖，叫做套膜，由它来分泌“珍珠母液”，也被称作珍珠质，这是一种令人惊奇的物质，坚固并且有韧性、具光泽，形成机理是把碳酸钙晶体包裹在了类似于角蛋白一样的有机分泌物的夹层里。通过不断地包埋这个外来的异物，结果就形成了一颗珍珠。珍珠质每天可以形成 4 层之多，但是完成一个厚度达 1.5 毫米的珍珠质需要 2 年的时间；而要形成一颗珍珠，则需要15 ~ 20 年。这就是为什么一吨的珍珠贝可能仅仅生产出 3

粒珍珠，而且毫不夸张地说，它们能成为完美无瑕的球形珍珠的可能性只有百万分之一。一个单个的珍珠贝可能会有多种情况发生，在野外它们能自然存活 80 年。

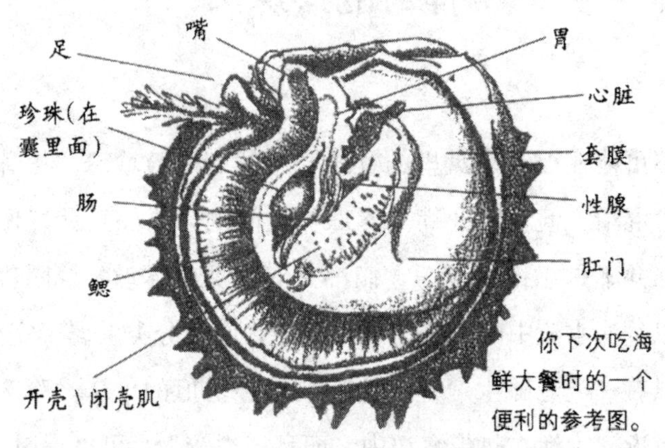

更像我们而不像大多数人所想的那样

因为珍珠的稀有和美丽引发了关于它们起源的许多传说。一种说法是，珍珠贝在早晨晒太阳的时候，露珠滴到了它们体内；另一种说法是，它们是胆石或者水晶天使的眼泪；还有一种说法是，来自闪电霹雳。最早提出“沙砾”的说法是在 17 世纪的意大利，后来在 19 世纪海洋学家又提出是珍珠贝死亡的卵。直到 20 世纪的头 10 年，才有法国和日本研究者确立了“珍珠囊”的理论，在这种理论指导下首次培育出了人工珍珠。

大部分现代珍珠是人工养殖的；珍珠养殖是一个巨大的全球性产业，每年的营业额超过 3 亿英镑。珍珠养殖的过程是漫长的：打开每一只珍珠贝的贝壳，把一小粒蚌壳碎片和一小块取自其他珍珠贝的套膜小心地植入它的性腺，当蚌壳碎片与周围的组织融合在一起以后，就进入了刺激产生“珍珠囊”的过程，珍珠质不断包裹最初的小粒。两年后就会得到一粒与天然珍珠没有区别的人造珍珠，只是不能太用力刮擦它。

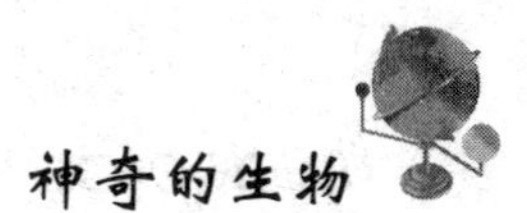

神奇的企鹅

栖息在南极洲的所有鸟类中，有三分之二是企鹅。体型最大的是帝企鹅（拉丁学名为 Aptenodytes forsteri，意思是不能飞翔的潜水者），它能够长到 1.3 米高，潜水深度可达 520 米，屏气时间长达 15 分钟。4000 万年前，有一种体型更大的南极种类，巨型企鹅（Anthropornis nordenskjoeldi），身高可达 1.7 米，和著名演员埃迪·伊扎德或者米歇尔·菲佛一样高。帝企鹅之所以著名，是因为作为父母，它们具有坚忍不拔的奉献精神。在严酷寒冷的天气条件下，它们轮流照顾自己的蛋和经过可写成史诗般的长途跋涉去寻找食物，在这个过程中，它们的体重会减少 40%。尽管如此，只有 19% 的帝企鹅幼鸟能够活过第一年。这必然会给它们之间的关系增加压力。

经常有人说帝企鹅夫妻会终生为伴，但是事实并非如此。只有在繁殖季节和抚育幼鸟的时期彼此忠诚，在其他时间里，它们彼此间的忠贞度比体型

阿德利企鹅在排泄粪便的时候，站在由石块筑成的巢边上，身体稍稍向前倾斜，然后把粪便喷射出去，这样就可以使自己的巢和羽毛保持清洁了。它们排泄粪便的时候在直肠产生的压力相当于人类的 4 倍，相当于一小桶低温储藏发酵的啤酒的压力，这样可以把粪便喷射到距离巢的边缘 40 厘米远的地方。

鸟粪枪

较小的种类要低得多，至少有85%的帝企鹅对自己的伴侣不忠。它们通常都是异性恋者，而不像纽约中心动物园中两只叫做罗伊和希洛的南极帽带企鹅那样。当初它们曾使媒体轰动，因为它们一起共同建造了鸟巢，拒绝任何雌鸟的接近，而且还孵化了一枚卵。但是最终希洛还是离开了罗伊，与另一只叫做史奎的雌鸟组成了一对，这可能是首次有完整记录的关于企鹅同性恋或双性恋的案例。

并不是所有的企鹅都生活在冰天雪地之中。凤冠企鹅在新西兰靠近海岸的雨林中筑巢，加岛环企鹅生活在热带火山岩洞里，小鳍脚企鹅以地穴为家，智利的洪氏环企鹅栖息于由古时候鸟类的粪便堆积而成的鸟粪堆上。许多企鹅一生中有75%的时间生活在海洋中。只有帝企鹅和阿德利企鹅是仅有的两种完全生活在南极的企鹅。阿德利企鹅（Pygoscelis adeliae）是由一名法国探险者迪蒙·迪尔维尔（1790—1842）命名的。1840年，他驾船到达了一个与南极冰架分离的一个岛屿，他的随从为了表示对他的敬意，就把这个岛称作迪尔维尔岛。后来，他们偶然遇见了一只矮小的、胖胖的企鹅，后背像是披着黑色的外衣，前面像是围着白色的围裙，于是他就用他妻子的名字将其命名为阿德利企鹅。阿德利企鹅生活在一个庞大的群体里，数量达到750 000只以上。同其他企鹅一样，阿德利企鹅也有一个特殊的行动方式，叫做“瘦身步法”，当穿过拥挤的鸟群的时候它们会把鳍状肢背在身后。雌性阿德利企鹅用石块建造自己的巢，在南极石块是很稀少的材料，但是它们却乐意为此付出精力。当它们的配偶转过身去背向它们的时候，它们就会通过与其他单身雄性企鹅偷偷亲热来换取更大更好的石块，这是被人所知的唯一的鸟类性交易的例子。有时候，因为这些雄性“顾客”对这种亲热非常满意，使得雌性企鹅仅仅通过一点点性暗示而不需要提供性服务就可以带回来更多的石块。一只非常轻浮的雌性企鹅可以通过这种方式获得多达62块的石块。那些雄性企鹅明确地知道用那些石块来换取更多的生育自己后代的机会是值得的。动物学家推测，雌性企鹅也是在用这种方式来设法增加自己后代的遗传多样性。

或者，雌性企鹅只是为了玩得开心。

神奇的鸭嘴兽

当乔治·肖在1799年第一次描述鸭嘴兽（0rnithorhynchus anatinus）的时候，他首先仔细地检查了从澳大利亚寄过来的标本是否有缝补的迹象。即便如此，他的很多博物学同行还是认为这是一个恶作剧：将一个鸭子的嘴缝在了一个小河狸的身体上了。过了30年的时间人们才肯接受它是一种哺乳动物，由于没有乳头，因此很难找到位于它的腹部皮毛下面的乳腺。但是到了1884年，关于鸭嘴兽又传出了爆炸性的新闻，苏格兰的胚胎学家W. H. 考德威尔终于找到了鸭嘴兽的巢穴并透漏了一个惊人的消息：鸭嘴兽是一种产卵的哺乳动物（当地的土著很多年前就这么说了，但是没有人相信过）。从那以后鸭嘴兽就闻名天下了，人们嘲笑它为进化上的小玩笑。

关于鸭嘴兽，19世纪流行的观点以及现在有些地区仍旧坚持的是：它是早期哺乳动物的一个最原始的类型，在后来的进化中被抛弃了。的确是这样，它与其他3种产卵的单孔类动物一起被列入单孔目（即只有一个泄殖腔），是现生的最古老的哺乳动物。但是，把鸭嘴兽贬低为一个原始的、介于爬行动物和哺乳动物之间的“盖了一半的房子”，就如同认为一个制作刻画的木制家具的艺术家比安装一个从宜家家居买回来的带扁平包装的储物架的人更“原始”一样地没有见识。鸭嘴兽是一种动物在一个像孤岛一样“与世隔绝”的地方自己适应并开拓了一个富饶的生活环境的一个很好的例子。我们把鸭嘴兽看作是澳大利亚的水獭，一种随机捕食的肉食性动物，在几乎没有什么竞争对手的情况下暴饮暴食生活在淡水中的喇蛄、虾、鱼和蝌蚪。鸭嘴兽保留了一些爬行动物的特征，比如它会产卵，走路方式很像蜥蜴，这是因为没有外界的压力来改变它们。但是，它也进化出了另外的一些令人惊异的精妙的身体结构。

最具有独创性的器官是鸭嘴兽的“像鸭子一样的嘴”。鸭嘴兽是一种夜行动物，在夜晚觅食，白天则在它的洞穴里或者将头“楔进”岩石缝或树根下打盹。夜间在水下寻找食物对它来说是一个挑战，因为它的嗅觉和视觉都不灵敏。鸭嘴兽的解决方法（在哺乳动物中是独一无二的）是借用鱼的骗术，将自己的“鼻子”变成一个电探针。它的嘴里有大约 40 000 个传感器，能够感觉到捕食者的肌肉所产生的最微弱的电脉冲，而且它的嘴上还有 60 000 个运动传感器，通过机械的信号和电信号的结合，可以使它在水下的世界里获得一个清晰的图像，从而可以像有良好的眼睛和手一样地进行活动。

鸭嘴兽还具有它自己独特的双重性的推进系统。与河狸一样，它的尾巴是用来储存脂肪的，但是当它游泳时，尾巴就只是一个方向舵而不起推进器的作用。所有的力量都来自具有宽大的蹼的前肢。在陆地上，这些皮膜状的蹼就会折叠起来，这样它就能够利用前爪来挖掘洞穴了。不仅在水中鸭嘴兽能游得像水獭一样快，而且它在地下挖掘洞穴的本领也堪与鼹鼠相比，这就是早期的居民管它们叫“水鼹鼠”的原因。鸭子、鼹鼠、水獭？或许它才是我们只能借用一些其他动物的术语才能描述的那些特征的真正的原型。

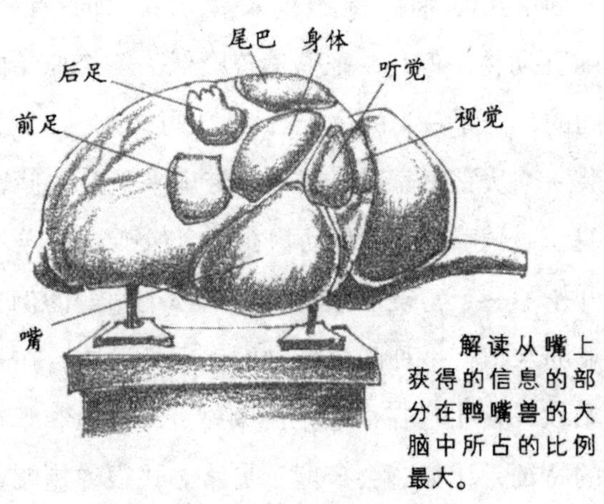

解读从嘴上获得的信息的部分在鸭嘴兽的大脑中所占的比例最大。

嘴的智能

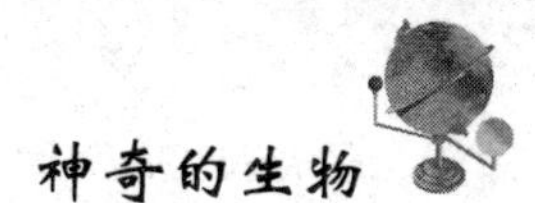

神奇的豪猪

豪猪的字面意思是“多刺的猪”，虽然它们是啮齿动物，而且与猪和刺猬的亲缘关系都不算太远。豪猪有 25 种，分别生活在新大陆和旧大陆。豪猪都是有刺的，但是有些新大陆的种类可以爬树，也可以用它们的尾巴悬挂在树上，就像蜘蛛猴一样。在欧洲，它们只产于意大利和希腊，但是在 1110 年亨利一世得到一只这样的宠物之后，豪猪在英国就出名了。

与豪猪相关的不可避免的问题就是它的爱情生活。正如豪猪最终所证明的那样，避免被刺到是最值得注意的细节。豪猪的性交开始于雌性和雄性都用后腿骑着枝条行走，这样可以刺激它们的生殖器。一旦被刺激进入发狂的状态，它们便腹部对着腹部站着。这时候雄豪猪用它那勃起的阴茎将尿从头到脚地撒在雌豪猪的身上，浸湿它的全身（曾经有尿的水流超过 1.8 米远的记录），并且开始大声啸叫，就像老鼠们唱的“情歌”一样。雌豪猪将背部转向雄豪猪并将尾巴拱起到它的背部的上方。雌豪猪尾巴的下面没有棘刺，雄豪猪的腹部也没有棘刺。真正的交配时间只有一分钟，但是雄豪猪有一个秘密武器：与其他啮齿动物一样，雄豪猪的阴茎的尖端在阴茎鞘里向后折叠着，当勃起的时候就会像袖珍折刀一样伸直，尖端还有长满刚毛的倒刺。豪猪的下腹部还有两个非常尖的“爪”，这在所有其他动物的身上都没有发现过。这样的结构是为了“互相锁在一起”，还是为了增加快感，我们不知道。

经过一个相当长的怀孕期，小豪猪便出生了。对于一种啮齿动物来说，异乎寻常的是，豪猪每胎只产 1 只幼仔。它出生的时候眼睛睁得大大的，并带着一身发育完全的棘刺，这些棘刺在出生后的 20 分钟之内就可以使用了。印度豪猪（Hystrix indica）似乎对能竖立起这些棘刺而感到非常的高兴。

美洲豪猪是严格的植食性动物，并且能忍受低水平的盐分。因此，作为补偿，它们会吃人类的汗能接触到的东西：背包、跑鞋、球拍、花园中的设备等。

它们为生活而交配，并且是唯一一种在不可能受精的情况下也进行交配的啮齿动物，这对于维持一夫一妻的婚配关系很有帮助。

旧大陆豪猪的学名来自希腊词汇中对它们的称呼 Hystrix，而北美豪猪的拉丁学名 Erethizopn dorsatum 的字面意思为“我有一个激怒的后背”。尽管老普林尼断言：它们不会由于被激怒而竖起它们的棘刺，但是在皮肤下的一个微小的竖立肌理所当然地能使它们竖立起来。然后它们突然向后冲去，猛烈地挥动它们的尾巴，甚至连老虎也会被吓得惊恐地跑掉。

在一只豪猪的身上长有 30 000 多根棘刺，而且它们在生长的过程中不断被替换。这些棘刺上布满的尖端朝后的鳞状物，有助于棘刺缓慢地刺进肉里，假如刺到了一个重要的器官里，就可能会有致命的危险。为了将棘刺取出来，需要首先剪断露在外面的棘刺的末端，以平衡伤口里面的空气压力。

美国当地人用豪猪的棘刺制作宗教图案。能够完全理解这种图案的 7 个女人中的最后一个在 1930 年去世以后，阿拉帕霍人就不再制作这种艺术品了。如果没有相当的宗教仪式的知识就试图去做这种“棘刺工作”被认为是危险的。

非洲豪猪能够被嘈杂的嗡嗡声吸引，而且能够训练它们随着鼓点的节拍跳曳步舞。在它们的产地，豪猪仍然被当作肉食来吃，而且在意大利，豪猪还有这样的盛名：它们的肉制品甚至比猪肉还要更加香脆。

神奇的浣熊

通过其他语言对浣熊的称谓，你能对它们了解很多。浣熊的英文名字来源于北美印第安阿尔冈琴语 arahkoonem，意思是“它们揉搓、洗擦、抓挠”；在美国达科他苏语里，浣熊叫做 weekah tegalega，意思是“画脸的魔法动物”；在北美印第安阿布纳基语中，它被叫做 asban，意思是“举东西的动物”；美国东部的特拉华州的印第安人把它们叫做 wtakalinch，意思是“能够非常灵活地运用手指”；在阿兹台克语中还把浣熊称作 eeyahlllahtohn，意思是“懂事的小老太太”；而西班牙移民则改编了阿兹台克语的称呼，叫做 mapache，意思是“有手的动物”。

浣熊是北美洲最知名的野生动物。在它们的眼睛上有一个黑色的、像面罩一样的斑纹，并且在一条被毛的尾巴上有 4 ~ 10 个黑色的圆环。它们的每个足上都有 5 个脚趾，前足上长有拇指，这样就可以使它们能够拔出门插，打开瓶盖，解开绳扣，转动门把手以及打开冰箱。它们的足迹看上去就像小孩的手印。浣熊非常容易地就适应了人类的生活环境，很多浣熊在纽约城里悠闲地生活着。在农村，浣熊能够活到 16 岁，但是在城里，它们的食物与十几岁的青少年吃的差不多，非常依赖炸薯条和炸面包圈，以至于它们在野外根本无法生存。

在某种程度上，脂肪是浣熊的一个难题，它们体内 50% 的物质是脂肪。曾经有一只最肥胖的浣熊，名字叫做“强盗”，生活在美国宾夕法尼亚州沃尔纳特波特的冰淇淋大世界的外面，喜欢贪吃花生酱和蓝莓泥。浣熊正确地应该被叫做杂食动物。它们实际上能吃任何食物，可以猛吃螯虾、苹果、老鼠、鸡蛋、昆虫、胡桃、青蛙、鱼、甜玉米、蛤蜊、樱桃、龟、橡树果实、蛇，

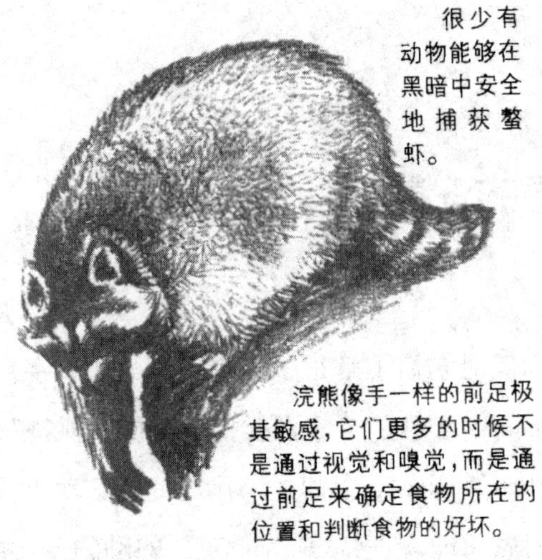

很少有动物能够在黑暗中安全地捕获螯虾。

浣熊像手一样的前足极其敏感，它们更多的时候不是通过视觉和嗅觉，而是通过前足来确定食物所在的位置和判断食物的好坏。

手部的感觉

甚至是公路上被撞死的动物尸体。几乎在除了美洲以外的所有语言里，如德语、芬兰语、汉语、日语、保加利亚语，都把它们称作“浣熊”，因为它们好像在吃东西之前，都要把食物洗一洗。在很长一段时间里，科学家们认为这是因为浣熊分泌的唾液少，不能吞咽干燥的食物。事实并非如此。它们的唾液非常丰富，而且它们也不是真正地在清洗所要吃掉的食物。它们确实把食物浸在水里（这是一种很奇怪的动作，叫做戏水），但是它们好像只是为了挑选出可食用的部分，并且不能因其太尖锐而难以下咽。如果周围没有水，它们也会做出类似于“戏水”的动作，同时它们也很喜欢吃上面沾有泥土的食物。在寻找食物的时候，浣熊很善于攀爬。它们能够依靠后腿的支撑旋转180°，也能头朝下爬下树干。在房屋里，它们也会在烟囱、干草棚以及阁楼里这样爬上爬下。

浣熊的粪便呈管状，底部扁平，质地比较脆。但是要注意，千万不要误食它们，甚至不要触摸它们！它们中可能会含有超过250 000个浣熊拜林蛔线虫（Baylisascaris procyonis）的卵，浣熊拜林蛔线虫是一种能引发人类严重疾病的线虫。如果人误食了这种虫卵，幼虫就会转移到身体的其他组织中，包括大脑和眼睛里，而且没有有效的治疗办法。浣熊看上去很可爱，但是它们中很多也是狂犬病毒携带者（在外表上不会表现出任何症状）。它们的阴茎中具有阴茎骨，在得克萨斯，人们喜欢佩戴这种骨头来乞求好运。前拉斐尔派诗人但丁·加布里埃尔·罗塞蒂在他的切尔西动物展览馆里饲养了一只浣熊。这不是因为浣熊能够激发诗兴，而是为了揭露浣熊干的坏事——就是它打开了抽屉并把里面满满的一抽屉写作手稿连吃带抓，弄得乱七八糟。

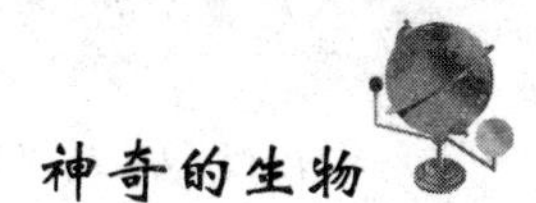

神奇的蝾螈

蝾螈类两栖动物共有大约500个大小不同和形态各异的物种，最大的是产于中国的大鲵（Andrias davidianus），体长达1.8米，体重达32千克，最小的是索里螈（Thorius spp.），它们也是最小的陆生脊椎动物，体长只有1.2厘米，是能用肉眼看到的最小的动物。

最著名的蝾螈是美西钝口螈（Ambystoma mexicanum），它们只生活在墨西哥的一个湖泊中，在发育的某一个特定的阶段上突然停止，不再进入成年期，因此现在它们就像巨大的蝌蚪一样差不多一生都在水里度过。为什么会发生这种进化上的倒退目前还不清楚，有可能是因为湖边的陆地环境变得更加糟糕所导致的，但是这并没有影响生活在那里的其他蝾螈种类。它们偶尔会长成一个类似于虎纹钝口螈成体的动物，这也可以通过注射激素的方法人工刺激它们长成这样。现在，全世界99%的美西钝口螈都处于人工饲养条件下，其中的大多数都是6个亲本的后代，它们是在1863年来到法国的动物学家奥古斯特·杜梅里在巴黎的实验室的。

蝾螈是特别不喜欢出远门的动物，它们一生中走到的最远的地方距离它的出生地还不到1.6千米的路程。当气温发生变化时，这个特点对它们来说却是致命的，因而每年冬天有大量的蝾螈死亡。

有一个物种解决了这个问题。极北鲵（Hynobias keyserlingii）在冬眠之前体内会产生一种防冻的化学物质，因而能够在零下50℃的温度中生存。它们能够在冰冻的环境中生活很多年，有些甚至自从10 000年前最后一次冰河时代结束后到现在都一直处在休眠状态。

关于蝾螈最持久的神话是说它们可以在火中生活，在它们的皮肤中能够

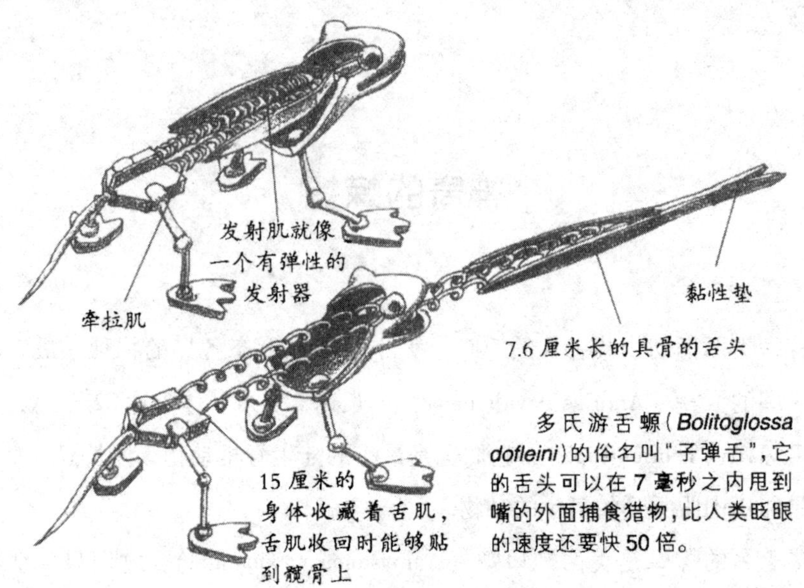

多氏游舌螈（*Bolitoglossa dofleini*）的俗名叫"子弹舌"，它的舌头可以在 7 毫秒之内甩到嘴的外面捕食猎物，比人类眨眼的速度还要快 50 倍。

世界上最强有力的肌肉

分泌一种物质将火熄灭（石棉最初的名字就叫"蝾螈毛绒"）。没有人知道这种说法是从哪儿来的以及为什么会有这种说法，但是它们的确有一种危险的习惯，就是喜欢在潮湿的木堆中睡觉……

有一类蝾螈需要重新回到水中繁殖。它们也是唯一能够再生出体内的大部分器官的脊椎动物，能够生长出新的四肢、脊髓、心脏、上下颌、尾巴，甚至眼睛内的新的晶体和虹膜。

这一类蝾螈的细胞能够启动再生过程。当损伤的部分治愈后，细胞会恢复它们最初的功能，重新变回一个未分化的小块，即胚芽（来自希腊语中的"胚芽"一词），从这个胚芽中就可以长出替代的分支或组织。如果胚芽转移到蝾螈身体的其他部位，那么缺失的部分就会从那个地方长出来。

我们尚不清楚这些细胞是怎样知道它们要生成什么样的组织的，但是对蝾螈的有关研究与人类的组织能否通过外部的刺激而再生的研究的联系最为紧密。此外，恶性肿瘤的生长似乎与蝾螈细胞生长的方式类似，将癌组织移植到蝾螈体内也能够引起一个新的分支生长，因此，在抗癌的斗争中它们或许也能够提供重要的线索呢。

神奇的蝎子

蝎子是从海洋中爬行到陆地上的第一个食肉动物，在4.3亿年的进化过程中，它们几乎没有发生什么变化，因为它们在以自己的方式进行生存竞争方面已经做得非常之好。早在大气中氧气含量丰富的石炭纪时期，长得像狗一样大的蝎子就在陆地上漫步，而生活在海洋中的巨大的水生蝎子则有陆生蝎子的两倍那么大。与同属于蛛形纲的进化稍晚的“堂兄弟”——蜘蛛一样，即使在零度以下的严寒或者在沙漠中的高温下，蝎子也能表现出坚韧的性情并且对环境有很强的适应性。在完全淹没到水中的情况下，它们甚至能活上2天。除格陵兰和南极洲外，它们分布在所有的大陆上。200多年来，有一种外来入侵物种——黄尾蝎（Euscor-pius flavicaudis）已经生活在肯特海港陡峭的堤坝上。

蝎子的这种顽强不屈的特点部分归功于它们高效率的新陈代谢。它们吃东西非常慢，一次能吃上好几个小时，用强有力的胃液来消化它们捕到的猎物，并且在身后留下由那些不能消化的组织形成的小球一样的排泄物。它们的食物以葡萄糖的形式储存在一个类似于肝脏的大型器官里，一顿饱餐可以使蝎子的体重增加三分之一，有些种类甚至能因此活上1年。它们消耗能量的速度是昆虫和蜘蛛的四分之一，只有极少数种类需要饮水。这就为它们作为捕食者提供了一个有利的条件，而且它们还因捕杀猎物的需要而很好地装备了自己。它们有两套视觉系统，一套是用来区分白天和黑夜的，另外一套更加复杂，具有晶体和视网膜，是无脊椎动物中对光线最敏感的器官。通过它们爪子上的纤毛，蝎子能够对猎物的精确位置进行三角测量，能够感觉到只有百万分之二十五英尺的距离移动所引起的振动。

对于节肢动物的一员来说，不寻常的是雌蝎子能够直接生出活的小蝎子。

更奇异的是，有些种类怀孕的时间比人类的还要长。它们是能够独立进化出子宫的极少数无脊椎动物之一，子宫里的晶胚靠与母体连接的乳头来喂养，而不是靠卵黄。分娩的过程需要很多天，100 多只出生后的小蝎子急匆匆地通过母亲的爪子跑到了它的背上，并在母亲背部的毒针下面安顿下来，因此任何敌害也别想侵害它们，除了它们的母亲。但是，如果它们的母亲突然发怒，就有可能把它们当作点心吃掉。

有一个广泛流传的神话，认为当一滴酒落到它们身上或者面对火焰的时候，蝎子既不会发疯也不会将自己刺死，因为它们对自己的毒液具有免疫力。在已知的 1500 种蝎子中，只有 25 种蜇人之后会对人有危险；大多数不会比蜜蜂叮人的结果更严重。蝎毒甚至可以救人，从以色列杀人蝎（Leiurus quinquestriatus）的蝎毒中提取的蛋白质已经被用来杀死脑瘤细胞。

蝎子在紫外线的照射下能够产生荧光，这是因为在它们的外骨骼中有一种特殊的蛋白质。但是它们却看不到自身的荧光，没有人确切地知道这是为什么。这或许能模仿某种植物来警告捕食者或者甚至可以作为一种长在体内的遮光剂。

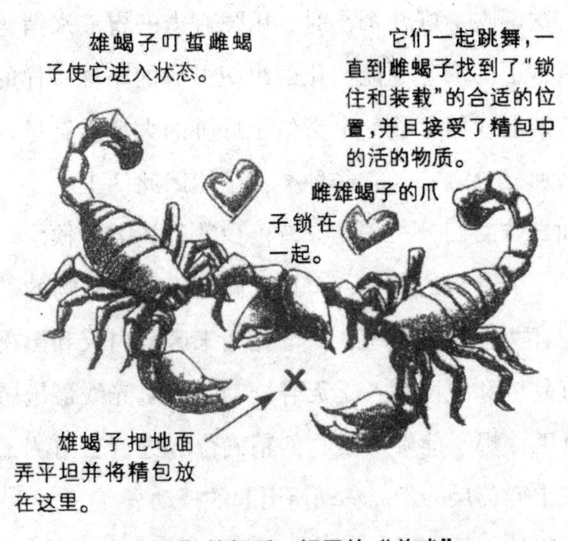

“下流”的舞蹈：蝎子的“前戏”

神奇的海参

海参曾沿着整个地球的大洋底部爬行了5亿年。它们如同在水下清除垃圾的工人一样，做着一项重要的工作：处理掉超过90%的沉积在海洋底部的动植物尸体。它们中的许多种类看上去确实像一根多刺的黄瓜。它们属于海参纲（Ho—lothuridae），一些人认为其含义是“令人十分厌恶的东西”。古罗马人把它们称作“海洋中的阴茎”，这应该是因为它们的形状；甚至连达尔文也因为它们“黏糊糊和令人讨厌”的外表而排斥它们。一种分布于墨西哥的海参——墨西哥海参，被比作驴粪蛋，实事求是地说，这是一个极为恰当的描述。

尽管形状不同，包括1100个物种的海参与海星和海胆有着紧密的亲缘关系，身体都呈辐射对称状，而且也像它们一样，在涌动的海水的驱动下，用管足爬行。但是，海参之所以被海洋生物学家称作“黄瓜”，是因为它们还具有其他的技巧。它们通过身体的后部进行呼吸，从肛门把海水吸入体内，装

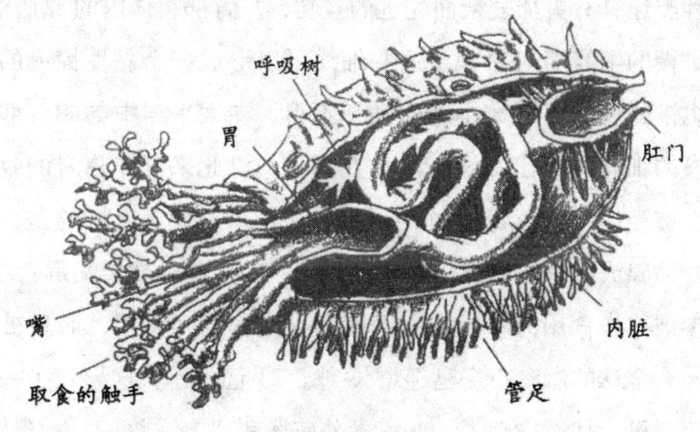

海参的内部构造

满一个称为“呼吸树”的系统，然后再随同其他所有潜在的消化废物一起排出体外，也就是说，虽然只有一个开口，却具有两种功能。实际上，有一种微小的像鳗鱼一样的珍珠鱼利用了这个过程。每天早晨，珍珠鱼一直等到海参打开肛门，便悄悄地溜进海参体内，在它的内脏中游来游去，在里面消遣一天的悠闲时光，到了晚上再从海参的体内钻出来去觅食。有些珍珠鱼甚至还会敲击海参使其打开肛门让它们进去。幼小的珍珠鱼不太受海参的欢迎，因为它们有个不好的习惯，就是喜欢在海参的性腺上乱咬。

海参是夜行性动物，为了填饱肚子，一晚上至少要进食两次，所以海参的生活基本上是在像真空吸尘器一样在沙子中寻找食物和休息两种行为之间交替进行。如果感到紧张或者受到威胁，它们会有一系列的给人印象深刻的逃跑策略。海参的身体主要是由一种叫做“捕获胶原蛋白”的结缔组织构成，这使得它们具有了一种超乎想象的能力，可以从固态变为液态。它们可以流进最细小的岩石缝隙中，然后重新变硬，这样就不会被拉出来了。有些种类能使自己身体膨胀到足球那么大。还有的种类能排除自己身体的水分，使它们看上去就像一块块鹅卵石。但是，对于所有的海参种类来说，一个最基本的技巧就是把自己的内脏从肛门排出体外，使周围的水域充满一种有毒的浓汤。这个方法被称作“海参核武器”。如果在一个小型的水族箱中，这种毒液可以把里面的鱼全部杀死，即使海参自己也不能幸免。

有些种类还具有更加复杂而先进的技巧，从背部将体内的“居维叶细管”里产生的黏稠的细线喷射出来。这些细线可以形成一个黏性惊人的黏网，能够把一只饥饿的螃蟹绑缚数小时而动弹不得。在太平洋中的帕劳群岛，岛上居民从海参的细管中挤出黏液，涂抹在脚上，以此来制作临时的收帆鞋。这种黏液也会被当作一种消毒的敷料用于包扎伤口。令人奇怪的是，一只被摘除了内脏、性腺或细管的海参，在不到几个月的时间内就会又重新生长出来。

干海参被称作食用海参，在整个亚洲被当作美味食用，而且被誉为催欲剂和止痛药。全球的海参市场已经增长到了23亿英镑，这导致了一些种类的海参的生存危机，从而推动了一些海参养殖场和“海洋牧场”的建立。

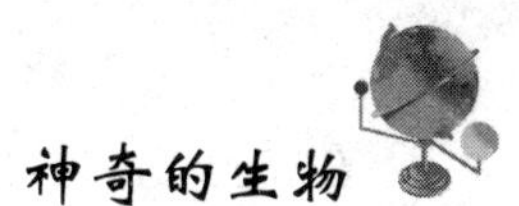

神奇的海豹

不要被它们可爱的外表所迷惑：海豹和熊的亲缘关系最近，它们能够变得非常凶残。有一种方法可以让你辨别在一个特定的区域中是否有豹形海豹（Hydrurga leptonyx）存在，那就是看有没有漂浮在水面上的企鹅皮。它们从一端到另一端猛烈地撕扯不幸被其捕获的鸟儿的皮肤和羽毛，然后狼吞虎咽地吞下裸露的尸体。在大多数情况下，它们对待自己喜欢的异性同类也是同样地粗暴。雄性南象海豹（Mirounga leonina）的体型要比它们的异性伴侣大6倍，有时候在交配过程中会因激动而失去控制力，结果意外地用其巨大的上下颌压碎了雌性的头骨。当一只雌性夏威夷僧海豹（Monachusschauinslandi）处于发情期的时候，它就面临被“围攻”的危险，这里称作围攻还算是一种文雅的科学术语，实际上就是被一群性欲极强的雄性海豹虐待致死。为了保护这些濒临灭绝的物种，现在正在给雄性海豹服用性欲抑制药物。

对于象海豹以及与它们的近亲海狮来说，雄性的侵略性是以其巨大的身体作为后盾的。雄性的体型越大，侵略性就越强；它在海滩上占有的繁殖领域越大，就能够拥有更多的雌性供其交配。一个只有一只雄性海豹的“妻妾群”中可能会有超过50只的雌性海豹。有些“妻妾群”的数量会达到1000只，而与其交配的雄性海豹的数量只有30只，并且常常由5只最强壮的、被称作“沙滩主人”的雄性海豹来获得绝大多数的交配权。

许多雄性海豹之间的冲突只是通过发出巨大的呼噜声和拍击声等嘈杂的声音来进行。但是战争一旦爆发，参战双方都表现得很残忍，而旁观者却无动于衷。雌性海豹不会帮助任何一方，但在交配的时候，它所发出的巨大的叫声导致这个区域中的所有雄性海豹都笔直地朝它们奔过来。接下来的大混战使海豹幼仔与它们的母亲分散了，并且被碾压在成年海豹的身下或者被凶

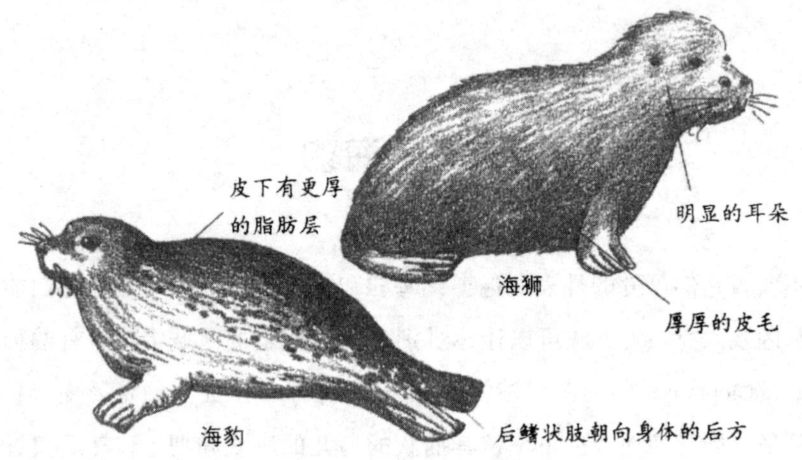

怎样区分海狮和海豹

猛地撞到了一边。有些海豹群在一个季节里有三分之二的海豹幼仔是因此而死亡的。这也是海豹的奶水中的脂肪在所有哺乳动物中含量最高的原因之一，这样才能确保海豹幼仔能够迅速长大。它们的奶水中的脂肪含量比布丁高，占60%，是乳脂含量较高的奶油的两倍。因此，海豹幼仔的体重一天能增加好几千克，而且在几周内就可以断奶。

只有在海水里，海豹的强壮和粗暴的攻击行为才显得与众不同。海豹在水里的捕猎效率是陆地上的狮子的两倍。象海豹能够一次潜水两个小时，深度可达1500米。它们能排除肺部所有的空气以避免患“减压病”的危险，而仅依靠吸收它们血液中的氧气生存。它们体内含有的血液量是大部分哺乳动物的两倍，当潜水时，它们的心跳速率会从每分钟90下急剧下降到每分钟只有4下。为了有利于自己迅速下潜，有些海豹甚至还会吞咽石块。

海豹的另一个优势是它的视力在水下不会变得模糊。对于其他哺乳动物，视力变模糊是因为到了水中外透镜（角膜）就失去了作用。这就好像一座透明的玻璃雕像，当你把它丢进盛满水的浴盆里的时候，它就不容易被看见了。海豹通过巨大的球状内透镜（晶状体）来聚焦成像，利用调节范围非常大的虹膜来控制光线，从而克服了在水中视力模糊的缺点。这不仅让它们的大眼睛充满了魅力，也意味着它们在明亮的阳光下和昏暗的海洋深处都可以进行捕猎活动。

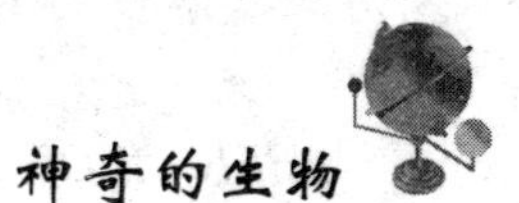

神奇的鲨鱼

只有百分之一的鲨鱼是攻击人的。在 2005 年，全世界鲨鱼攻击人的记录有 58 次，其中仅有 4 个人被杀死了。黄蜂每年在英国杀死的人就与鲨鱼一样多，而水母在菲律宾杀死的人则是鲨鱼杀死的人的 10 倍。在美国，狗和鳄鱼杀死的人都比鲨鱼杀死的人还要多。再举一个另外的例子，在纽约平均每年有 1600 起人咬人的案件发生。鲨鱼有很多理由害怕人类。为了获得鲨鱼肉和肝脏，我们每年至少要杀死 7000 万只鲨鱼。“角鲨”和“猫鲨”都是鲨鱼，尽管有些鲨鱼的肉有一股尿臊味，但是它们的肝脏可以用来制作痔疮膏。

鲨鱼发现人类具有比较多的骨头，因而更喜欢吃海豹，这真是一件幸运的事。它们装备了范围大得惊人的监测设备。鲨鱼大脑的三分之二是用来探测气味的，它能探测到在水中稀释了 100 万倍而且距离在 400 米之外的血液。鲨鱼能够知道自己的午饭在哪里，但并非一定要靠猎物流出血液。当遇到危险时，群居的鱼会散发化学气味以警告其他同伴。鲨鱼会截获这种信号，尽管散发气味的鱼甚至并没有受伤，而只是神经紧张。鲨鱼还具有感觉低频声音的能力，也就是说它能够听到很远的地方的鱼的特殊的心跳声，并且通过贯穿全身的压力感觉接收器来感觉远处的猎物在水中的运动状况。在它的头部皮肤下的细胞可以精确地确定磁场的微小变化和微弱的电脉冲。这不仅能帮助它们在大海中航行，就像使用了指南针一样，而且对它的捕食也很有帮助，因为能感觉到远处的鱼独特的肌肉运动，甚至包括埋在沙子里的鱼。有些鲨鱼的中耳中甚至带有深度测量仪。装备了这种复杂而先进的装置，捕食的鲨鱼即使在完全黑暗的环境下也可以进行狩猎活动。

它们在白天的视力是非常好的，但是它们在夜间的袭击更是毁灭性的。

在鲨鱼的肚子里发现的东西被记录的有啤酒瓶、钱袋、一只手鼓、汽车号码牌、盖房子用的砖、一套盔甲和一只完整的豪猪。一只虎鲨被发现吞食了三件外套和一件雨衣、几条裤子、一双鞋、一本驾照、一个鹿角、一打完好的龙虾和一个里面装满了小鸡的鸡笼。

雌性深海皱鳃鲨的怀孕期可达 3 年以上，是自然界中怀孕时间最长的世界纪录保持者。自然界中最大的卵不是鸵鸟的卵，而是雌性鲸鲨的卵。这枚卵是在 1953 年发现的，长 30 厘米、宽 15 厘米、高 10 厘米。雌性沙地虎鲨所怀的胚胎在子宫里就会互相残杀。但是从 1580 年开始记录以来，被鲨鱼袭击的人类只有不到 2500 人，仅相当于在 1996 年被马桶弄伤的美国人人数（共计 43 687 人）的 6%。

雄性鲨鱼没有阴茎，或许这可以解释很多问题。

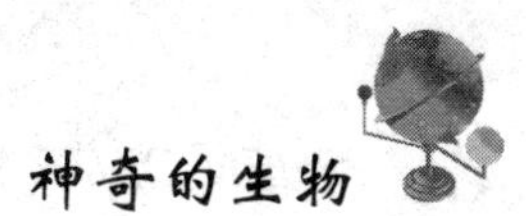

神奇的蛇

没有人天生就怕蛇，对蛇的惧怕都是后天学来的。但是这样的说法好像也并不是人们怕蛇的真正原因。美国佛罗里达州是70多种蛇的栖息地，但是在这里被狗咬伤的人数是被蛇咬伤的人数的500倍，还有更多的人被蜜蜂蜇死和被雷电劈死。在佛罗里达州，由于道路交通事故而受伤的概率至少要比被蛇咬伤的概率高100倍。蛇没有攻击性，也不会追逐人。即使它们追逐你，只要你走开就没事了。响尾蛇爬行的最高的速度为每小时3.2千米。有记录的爬行最快的蛇是黑曼巴蛇（Dendroaspis polylepis，拉丁学名的意思是“具有很多鳞片的丛林蛇”），测量的速度也只是每小时16千米。

已知的最小的蛇是布氏细盲蛇（Lep－totyphlops bilineata，拉丁学名的意思是“皮肤上有两条斑纹，眼睛无视力”）。它的体长为15厘米，粗细如同一根火柴棍。没人知道最大的蛇究竟有多大，因为真正的大型蛇类都没有被带回来做过详细的科学测量。在20世纪初，在印度尼西亚的苏拉威西岛，一条网斑蟒据说有10米长；另据报道，在哥伦比亚，一条绿水蟒经过测量其长度达到了11.4米。此后的一百年间再没有这么长的蛇被报道过。因为蛇皮是如此的珍贵，以至于没有蛇能够具有足够的存活时间来长到那样的尺寸。

实际上，蚺和蟒的嘴唇是最敏感的热感器。它们能感觉出一个物体和它的环境之间千分之一度的温差，并且能以几乎相同的精确度，判断出这个物体所在的方位和距离。因此，蛇能够在完全黑暗的情况下，仅仅依靠对猎物的体温的感觉，就可以发现猎物并杀死它们。响尾蛇和蝮蛇的热感器非常敏锐，一条又聋又瞎而且去掉舌头的蛇还是能够准确地袭击猎物。许多蛇类能够通过舌与空气接触来觉察冷热。

蛇的上下颌不会脱臼，因为头骨的所有骨骼都被有弹性的韧带连在一起，可以使嘴张开到最大可达150° 的角度。

上下颌相互独立运动，像棘轮一样交替着把猎物推到咽喉处。

当猎物比你的脑袋还要大的时候

世界上没有一种蛇是以植物为食的。蛇除了吃其他动物以外什么也不吃。水蚺和蟒的嘴可以张得很大，大得足以吞下整只的鹿和山羊，而且一条蟒能够很容易地与一只豹或鳄鱼进行较量。它们是否会消化不良目前还不清楚，但是它们胃里的强酸意味着如果给一条蛇喂食强碱性的德国赛尔脱兹矿泉水就会引起爆炸。大部分蛇每周进食1次，但有些种类一年只进食8次或10次。一顿大餐之后，一条蟒可以1年不再吃东西，而雌性蝰蛇可以连续18个月不进食。

跟许多令人感到恐惧的其他动物一样，蛇非常喜欢晒太阳，但不喜欢被打扰。如果被打扰的话，大多数蛇会扭动着身体爬到别的地方。索诺拉拟珊瑚蛇（Micruroides eu-ryxanthu，拉丁学名的意思是“有黄色斑纹的小尾巴”）在逃走的过程中会伴随着轻微的、有节奏的、高音调的放屁声；花条蛇（一种无毒蛇）则会从肛腺里释放出一种具有令人讨厌的腐烂大蒜味的臭气，然后它们会把胃中的食物全部吐在路上。如果这样还不能把你甩掉，它们就会翻过身背朝下，张开嘴，吐出舌头，躺在那里一动不动。这到底是一种防御机制还是一种拙劣的表演现在不是很清楚。大多数研究人员都从来不敢走到近前去询问它们。

神奇的蜘蛛

假如世界上没有蜘蛛，我们也得去创造它们，因为没有它们我们人类就将会完全淹没在昆虫的海洋里。在18世纪末以前，人们还只是把蜘蛛当作没有翅的昆虫，而现在它们已经拥有了自己单独的一个纲——蛛形纲，共包含40 000种已命名的物种和差不多同样多的待鉴定的种类。它们是最早进化为陆生动物的物种之一，而且是捕食性的、占据领域的食肉动物：如果把一万只蜘蛛放到一个密封的空间里，最后的结果将是只剩下一只肥硕的蜘蛛。英国的蜘蛛每年吃掉的昆虫的总量超过了英国全部人口的重量。虽然称之为"吃"，但实际上就是我们所谓的"喝"，因为它们首先要把它们的猎物溶解掉。

虽然这是一个给人以深刻印象的技巧，但却并不是蜘蛛所独有的。蜘蛛最拿手的绝活是织网。蛛丝的强度是钢丝的5倍，延展性是尼龙的30倍。蛛丝的质量很轻，一条长度环绕地球一周的蛛丝其重量只相当于一块肥皂的重量。蛛丝是由蛋白质纤维和水分组成的：蛋白质使它具有相应的强度，水分的表面张力使它具有弹性，但是我们还是不太明白蛛丝到底是怎样形成的。一只普通的蜘蛛一生中吐出的蛛丝的长度超过6.4千米，这些蛛丝可以被收集起来织成衣服。但是，由于蜘蛛的掠食习性使得它们很难被饲养，所以我们只能等待运用基因工程技术来制造出以蛛丝为材料的降落伞、防弹衣和人造肌腱了。

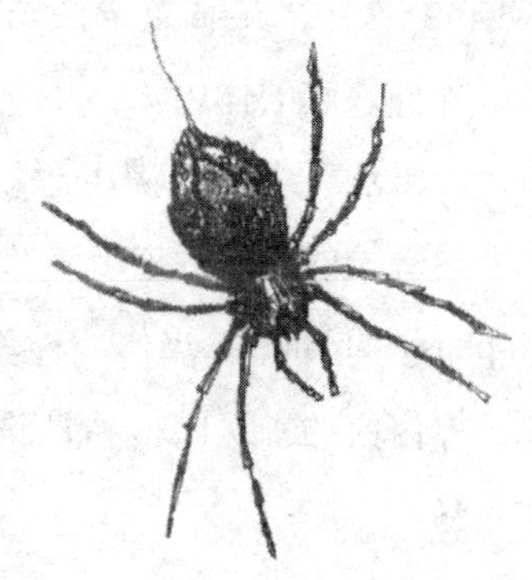

有些蜘蛛会借助蛛丝飞行，称作"随风飘荡"。它们首先要爬上一个篱笆的顶端，将背部朝

雌性黑寡妇蜘蛛因为会吃掉与之交配的雄性蜘蛛而声名远扬，但是事实上，虽然每天与之交配的雄性蜘蛛多达 25 只，但是被吃掉的仅有十分之一。

向风吹来的方向，喷出一条长长的丝，然后随微风飘走。它们可以飞行非常远的距离，而且曾在 25 000 米的高空发现过它们。蜘蛛几乎可以在任何地方织造出完美的蛛网，即使在失重的情况下也不例外。但是如果被药物麻醉，它们就失去了这种技能。1995 年，美国国家航空航天局的实验结果显示：大麻会使蜘蛛在织网的中途不能集中注意力；而苯丙胺会使它们织网的速度加快，但是精确度却降低了；作用最大的是咖啡因，被施用了咖啡因的蜘蛛织出的网竟然有几条线是随意地编制在一起的。

雄性蜘蛛没有阴茎。交配时它们把精子挤在一个专门的精子网上，然后再把精子吸进一对专门用于生殖的特化的肢里，这对肢被称为“须肢”。须肢插入雌性蜘蛛身体相对应的狭缝里，扭动并锁死在里面，同时把精子排在里面，就好像把《星球大战》中的机器人 R2 - D2 的数据资料上传给主机一样。通常在交配完成后，这个过程就会突然结束。对于雄性蜘蛛来说，把须肢插入雌性的体内是一项非常危险的工作，因为雌性的体型要比它大 100 倍。有一种蜘蛛，叫做帐篷结网蛛（Tidarren sysiphoides），雄性蜘蛛在交配前咬断自己的一条须肢，以此使自己比其他求婚者变得更加迅速和灵活。在交配结束后，雄性蜘蛛通常会死掉，但它的尸体会防止其他竞争者接近雌性蜘蛛而使自己的精子安全度过几个小时。雄性澳大利亚赤背寡妇蛛（Lactrodectus hasselti）实际上是在竞争谁先被吃掉，能被雌性蜘蛛吃掉就可以保证自己的须肢最先插入它的体内。

虽然对蜘蛛充满了恐惧和迷信色彩，但是人类有时候还是会食用它们。委内瑞拉的土著皮亚罗亚人把世界上最大的蜘蛛——葛利亚食鸟毛蛛（Theraphosa leblondi）当作一种美味佳肴。通过烘烤，他们能得到 0.1 千克像虾肉一样白白的蜘蛛肉，并且将它们的有毒的螯肢放在旁边，作为挑这些肉吃的牙签。

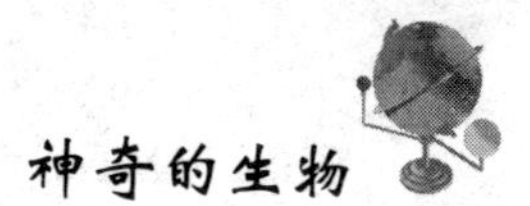

神奇的海星

海星不属于鱼类，而是属于更加古老的动物类群——棘皮动物。棘皮动物（即“表皮上有棘刺的动物”）还包括海胆和海参，它们最初起源于大约5.5亿年前的寒武纪早期，并且从那以后再没有多少改变。与软体动物和昆虫不同，棘皮动物具有内骨骼，由骨板组成，主要成分为碳酸钙。这个特点使得它们与包括人类在内的所有脊椎类动物具有了直接的亲缘关系。

它们没有一个处于中枢位置的大脑，另外由于身体呈星状，所以也没有前后之分。与大脑最类似的组织是围绕在它们嘴周围的一圈神经环。其他各条神经都从这里延伸到各个腕中。当一条腕移动时——通常是靠近食物的腕先开始移动——它就会通过神经传递信息，让其他的腕也跟随着一起移动。这种系统的一个极佳的优点在于海星能够再生出断掉的腕。对于蓝海星（Linckia spp.）来说，断掉的腕甚至还能再生出一个新的海星。这个过程的最初阶段是再生出一个巨大的腕，然后是一个微小的身体和四个微小的腕，这使它看上去就像海上漂浮的一颗彗星。

海星有一张嘴，位于身体的下面，还有一个肛门，位于身体的上面，它们在耳、眼、鼻等器官出现之前的很长一段时间就出现了，因此海星不具有发达的感觉器官。代替这些器官所具有的功能的，是位于它们身体下面的数百只多功能的管足。它们利用这些管足来进行呼吸、移动和把自己吸附在猎物的身上。它们也具有嗅觉功能，在布满表皮的感觉细胞（每平方厘米40万个）的帮助下，可以感受周围海水中化学物质成分的变化，并且根据潜在的猎物所释放的“气味

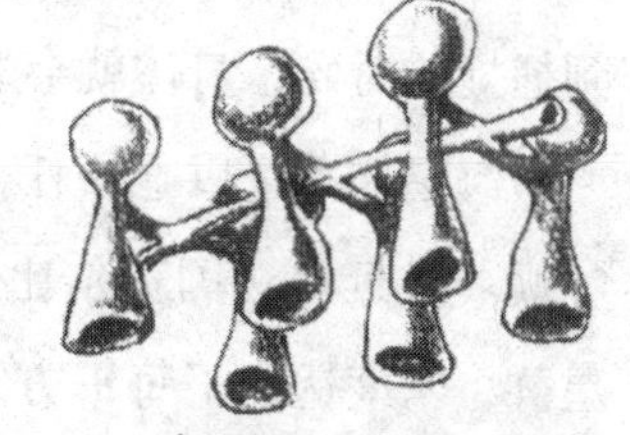

成排的充满水的吸盘推动海星沿着海底表面移动。

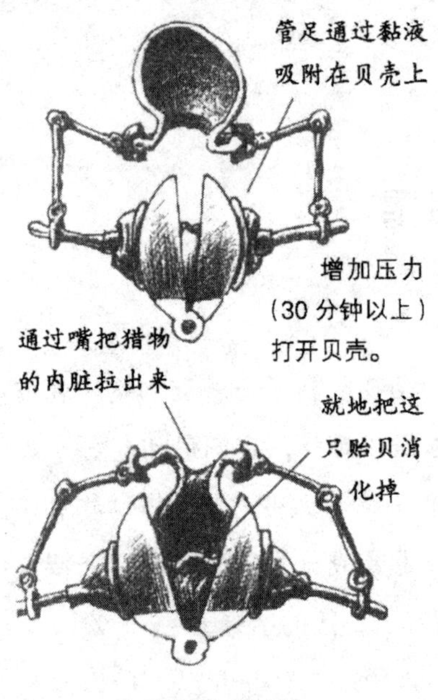

海星进食过程

流”来锁定它们所在的位置。在腕的顶端，“眼点”（可能是变异的腕）能感觉到光的强弱变化。

海星利用简单的水力学原理进行移动。在它们的身体上有一个特殊的像过滤网一样的开口，称作筛板，通过这个筛板把海水吸进体内，然后自动地分配给所有的管足。然后，通过海水依次在管足的挤出和吸入，海星就能够以惊人的速度进行移动了。有些种类的游进速度可以达到每分钟0.9米。

海星交配时对于腕的长度有很严格的要求。海星的每条腕上都有一个大的性器官，但是如果不做解剖就根本无法判断它们是雄性的还是雌性的。在产卵的时候，它们成群地聚在一起，如果雄性察觉有卵子存在就会把精子释放在水里；而雌性在察觉到了精子后，就会一次释放出超过250万个的卵子。海星的幼体与成年海星完全不一样，海星的幼体看上去更像自由游动的浮游生物。后来，它们长出了腕，下沉到海底，吸附在一块岩石上，最后通过变态成为成体。

发育成熟的海星几乎没有天敌。在它们的多刺的皮肤上布满了微小的螯钳，任何打扰它们的东西都会遭到这些螯钳的夹捏。它们还会“清理”自己的皮肤，以免受到寄生虫的侵扰。有一个种类——砂海星（Luidia sp.）当遭到捕捉的时候，身体就会立即分解为碎片。

海星几乎可以吃掉任何因移动速度慢而不能逃脱的动物，尤其是贻贝和牡蛎。最近在法国莫尔比昂海湾的外面发现了分布范围达2.6平方千米的海星群，密度达到了每平方米155只，它们沿着海底缓慢移动，所到之处，所有东西都被一扫而光。

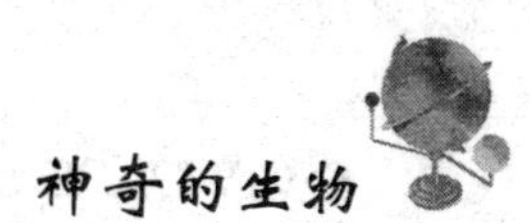

神奇的貘

在2001年系列电影《太空旅程》的第一部中，斯坦利·库布里克就将貘作为一个角色和远古人类放在了一起，这是因为貘太像“史前动物”了。他是对的：它们看上去可能就像是一头猪和一只食蚁动物发生了一夜情之后所产生的后代，但是貘是哺乳动物中的一个大家族中最后的幸存者，而且200万年来几乎没有什么变化。早期它们曾经分布在除南极洲外的每一个大陆上，但是现在仅留下4种，其中3种分布在美洲的中部和南部，另外1种分布在地球的另一端，即东南亚地区。

貘对于在温暖潮湿的森林地带的生活有很好的适应性。它们既能够吃林下的食物，如落在地上的果实，也能够吃到高处的绿树枝条和蕨类植物。它们肥硕的身躯能够高速穿越茂密的灌丛，而且它们在水中的生活也跟在干燥的陆地上一样地快乐。貘能够在早先的时候获得成功的关键是它们保留了与众不同的特点，即一个短短的并且可以向很多方向伸缩的鼻吻部，这是适应森林生活的绝妙的附属物。这种鼻吻部可以使它更容易地够到食物，可以作为水下行走时进行呼吸的通气管道，还可以连续不断地嗅，直到发现食物的存在，或者帮助它们找到潜在的性伙伴。

但是气候发生了变化，较冷的干燥的气候使草原代替了森林，而草原比较适合吃草的反刍动物，而不适合近视的、半水生的、以果实为食的动物。不同于与它们亲缘关系最近的马和犀牛，貘没有试图去应对这种变化，因此目前幸存的这4个物种都面临着灭绝的危险。

除了栖息地消失以外，貘还受到了人类捕猎的威胁。为了它们的富含脂肪的肉（经常当作水牛的肉来卖）、持久耐用的皮（“貘”就是巴西印第安语

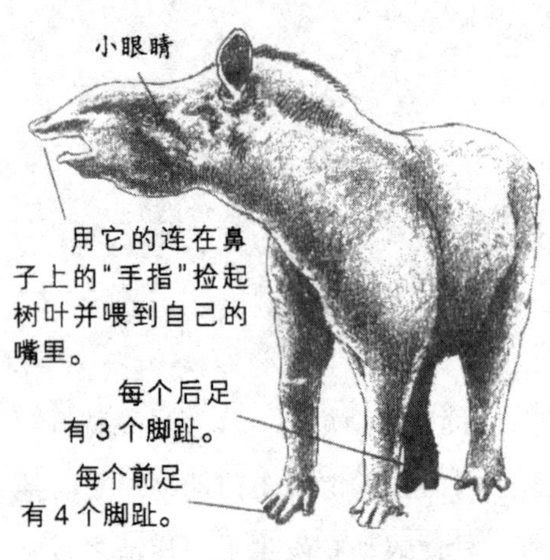

14 个脚趾和 1 根手指

中形容“厚”的一个词)，以及它们身体中被作为民间偏方来治疗心脏病和癫痫病的许多部位，导致每年有几百只貘被非法猎杀。在许多美洲印第安人部落中，经常把银河叫做“貘路”，就如同北美洲大平原的印第安人把它叫做“野牛路”一样。在中国和日本，貘的名字的意思是“偷梦者”。

与人类不同，貘极强壮又敏捷，所以没有多少天敌。偶尔，一只大型猫科动物会捕捉它，这时貘便跳入附近的河流中，并且沉没在水中直到捕食者被迫离开。貘喜欢在溪流和池塘的底部行走：这不仅能使得它们感觉很凉爽，而且还能让鱼儿帮助清除它们隐藏在皮上的寄生虫。

貘的幼仔与它们的父母在外观上差别很大，它们的身上具有斑纹和斑点，就像带毛的西瓜一样。这为它们在森林的斑驳阴影中提供了令人惊讶的很好的伪装，但是它们仍然能够被巨大的水蟒所捕食，而且是被它整个吞下去。尽管我们把它们的幼仔称为“小牛”，但是目前动物学家认为貘与其他的有蹄类哺乳动物完全不同，因此不能称成年貘为“公牛”或“母牛”。

貘是所有大型哺乳动物中被研究得最少的。我们不知道它们是否为了生活而交配，它们的家庭组织是怎么运作的，它们在哪里睡觉，它们奇特的像鸟叫一样的口哨声有什么功能。但是情况正在发生变化，它们在雨林生态系统中的重要性使它们成为了保护动物中的旗舰物种。正如它们需要森林才能生活一样，非常多的森林结果植物也需要依靠它们的消化管道来繁衍传播。因此，拯救貘也将有助于拯救雨林。

神奇的白蚁

白蚁进化成为了所有动物中最复杂而先进的家庭组织，并且是以一夫一妻的单配制为基础的。尽管过着群居的生活，一个群体中拥有几百万个个体，成熟的白蚁只是为了生活而交配。有些种类在一个群体中只有一个蚁王和蚁后，有些种类虽然有几个，但与蚂蚁和蜜蜂不同，不是仅有短暂的婚飞，而是过着真正意义上的婚姻生活，在许多年以后，一对白蚁夫妇仍然在继续交配。这样有助于使白蚁，以及蚂蚁，成为所有昆虫中最成功的物种：如果你将所有的2600种白蚁放到一起，它们将会占地球总生物量的10%。不幸的是，它们消化高纤维食物的过程中所产生的沼气占了全球沼气排放总量的11%，仅次于像牛和绵羊那样的反刍动物。

但是，生活过得并不总是很平稳，就连白蚁也是如此。内华达古白蚁（Zootermopsis nevadensis）的离婚率达到了50%。有时候雄性白蚁出走后，雌性白蚁通常会请进来一个新的雄性白蚁，可以想象，随之而来的事情是充满激情的。令人感动的是，被拒绝的白蚁之间会有互相亲密接触的趋向。相对来说，婚姻对雄性白蚁没有什么影响，尽管通常它会先死。不管怎样，当蚁后的卵巢膨胀时，它的身体能够增长到原来大小的300倍。胖土白蚁（Odontotermesobesus）的蚁后一秒钟就能产下一粒卵，一天能产80 000多粒卵。如果蚁巢遭到袭击，工蚁就会把蚁后拖到安全的地方，因为它太过于肥胖了，根本不能自己移动。

更糟糕的事情是，白蚁在确定自己的分类地位方面遇到了麻烦。2007年的DNA研究显示，白蚁实际上就是蟑螂。白蚁原来所在的等翅目（Isoptera，意思是拥有“相等的翅”）已被摈弃，同时它们被移到了蜚蠊目（Blattodea，源自希腊语“blatta”一词，意思是蟑螂）。在理论上，它们是由像蟑螂一样的祖先进化而来的，那时它们就具有了吃木头的能力。

只是视力退化的工蚁才大量地咀嚼木头，并且把获得的食物从它们的嘴和肛门中吐出来喂养白蚁群中的其他成员。它们就像微型的牛，用具有多复室的胃来分解纤维素。它们的肠道里含有200多种微生物，全部都能帮助它们将木头转化为能量。对这些微小有机物的研究得到了生物燃料行业的支持，看看能否从中发现从玉米中提取清洁燃料的关键所在。在一些种类的白蚁中，工蚁可以将它们的粪便放在一个蜂窝状的小室中，从而培养出真菌以保证给白蚁提供丰富的蛋白质，甚至是在干燥的季节里也是如此。

白蚁巢是除人类的建筑之外，在所有动物建造的巢穴中结构最为复杂的。白蚁巢在地面上能形成很高的土堆，能避免巢穴受到曝晒，其功能就如同一个空调系统的输送管，可以将白蚁和它们的真菌花园所产生的热气和二氧化碳排放出去，代之以新鲜的氧气。台湾乳白蚁（Coptotermes formosanus）甚至能用卫生球来熏自己的巢穴以赶走蚂蚁和线虫。这种行为不是它们天生就有的，没有人知道它们是怎样学会的，或者从哪里学会的，但它们的确是这么做了。

白蚁是最受欢迎的烹饪昆虫之一，它们的蛋白质含量比牛臀肉要高出75%。在亚马孙河流域，毛埃部落吃烤白蚁，而卡亚波人则在它们自己配制的汁液中炸白蚁或者把它们碾碎当作调味品。在尼日利亚，你可以买到做成块状的白蚁固体汤料。

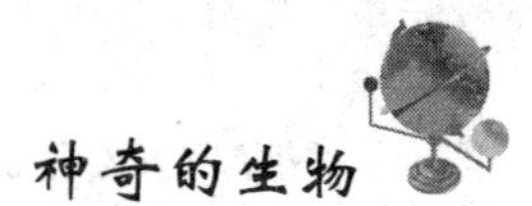

神奇的海象

海象的英文名“walrus”可能来源于荷兰语“walrus”，意思是海岸上的骏马，而它的拉丁学名（Odobenus rosmarus 的意思是“用牙齿走路的海马”，但是海象的样子看起来根本没有什么地方像马。它们圆滚滚的身体的宽度几乎赶上它的长度了；它们没有明显的外耳壳，用它们的牙齿拖动着身体前进。当天气变热的时候，它们身体的颜色就会改变，从灰白色到粉红色，再到浅红褐色。沙滩上晒太阳的海象不停地挪来挪去，远远看上去就像一堆丑陋的开胃香肠。

海象对于海洋食物有着特殊的嗜好。它们喜欢鸟蛤、贻贝、蟹、虾、蜗牛和章鱼，并且能够一次吃掉 6000 只蛤蜊的肉。由于蛤蜊埋藏于海洋底部，所以海象首先必须要把它们挖掘出来。海象用鳍状肢扫掉盖在蛤蜊身上的泥沙，在清扫的时候，海象几乎总是用右边的鳍状肢，因为没有左撇子的海象。很久以来，人们一直认为所有动物的左右肢都是同样灵活的，但是最近的研究表明，事实并非如此。和海象一样，鲸鱼、鸡和蟾蜍都是“右撇子”，但是青蛙和蜥蜴更喜欢用左边的。

海象寻找食物的另一个方法是用嘴唇和舌头形成一种高压软管，对着海底猛吹，从而使它们的猎物露出来。因为在这个过程中，被吹起的泥土和沙砾会形成一层浓重的黑幕，所以海象不是通过它的小眼睛来辨别猎物，而是在沿着海底滑行的同时，通过它们嘴边的触须来感觉的。它们的触须竟然由多达 400 根以上的胡须组成，其拉丁文名称 vibrissa 的意思是“振动器”。海象在寻找食物的时候可以单独活动每一根触须。

海象在吹气的过程中也能吸吮。当发现一只蛤蜊的时候，海象就会用它们的嘴唇紧紧地裹住蛤蜊，并在其周围形成一个真空，以舌头当作活塞来吸出蛤蜊的软体组织。在一种特殊的情况下，它们还会用鼻孔从下面把海鸥吸住或者把海豹幼仔的脑浆吸出来。在格陵兰岛，当地的伊努伊特年轻人为了吸引游客，海象的这一技巧也会用于表演。海象吸吮的力度是普通戴森吸尘器的三倍，这也说明了为什么海象的胃里充满了小卵石。

中世纪的商人常常把海象的长牙冒充独角兽的角来贩卖。海象的长牙是它的犬齿，从来不会停止生长；一只大的雄性海象的长牙可以达到 1 米长。长牙除了可以用于帮助自己爬上浮冰外，更重要的只是一种炫耀。海象的群体很简单：雄性的体型越大，长牙越突出，就越容易得到更多雌性的青睐。

海象间的交配行为非常特别。雌性海象懒散而煽情地趴在冰面上，被一群居统治地位的雄性海象挑逗性地注视着，它们在水中来回摇摆着跳动并不停地叫喊着，发出噼噼啪啪的声音、咆哮声和刺耳的刮擦声，偶尔还会彼此在对方身上挖下一大块肉。一只雌性一般仅与一只雄性交配。海象的交配行为在水下进行，而且动作令人印象深刻。雄性的阴茎里面有一块阴茎骨，几乎和它的长牙一样长，这可以保证它们即使在最寒冷的北冰洋里也能顺利地进行交配。

对于伊努伊特人来说，海象就是一个一站式商店

长牙能用于雕刻

脂肪可以作为灯油

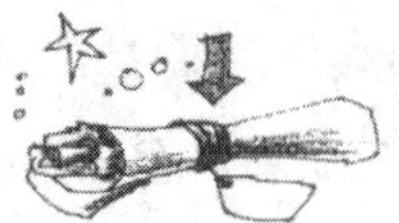

皮肤能用于造船

肠子可以制作雨衣

阴茎骨可以制作球杆

肉可以制作上千种食品

北冰洋超市

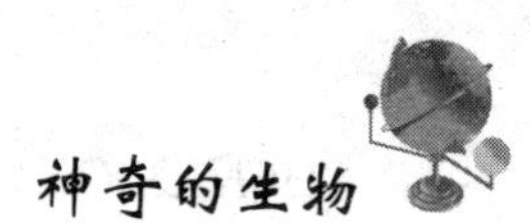

神奇的鲸

在5500万年前，小型的用四肢行走的食肉动物开始从陆地返回到海洋。它们的腿变成了鳍和尾巴，身体变得更长、更具流线型，鼻孔移动至后上方，这样的体型非常的优美，但却似乎是进化上的一种倒退。DNA提供的证据告诉我们，鲸与其他水生食肉动物，例如海豹和海象并没有什么关系；与鲸亲缘关系最近的现生动物是食草动物中的河马，而鹿、骆驼和猪则是它的远房“堂兄弟”。这是一个进化上最引人入胜的故事：一只笨拙的、像鳄鱼一样的“水獭”，最后是怎样变成地球上所有动物中最大、最神奇、最优美的动物的。

蓝鲸曾经生活在空旷的岸边地带，它是世界上体型最大的动物，比第二大的哺乳动物——非洲象还要重30倍。体型最大的恐龙体重也不足它的一半，有些雌性蓝鲸在喂养幼仔的时候体重能减少50吨。刚出生的蓝鲸就与雌性大象的体重一样，而且每天体重要增加约90千克，每小时增加3.6千克。等完全长大时，它的心脏的大小就相当于一辆家用轿车，能够处理9000升的血液，每跳动一下就能泵出270多升的血液，它的大动脉足以让一个5岁的小孩在里面游泳。

鲸能够长得如此之大，是由于水的浮力可以承受它巨大的体重，而在陆地上这么大的动物是无法生活的，因为能量需要运转，所需的食物也太多了。但是对于生活在海里的温血动物来说，还有许多疑难的问题：这实际上是一个荒漠地带，没有任何可以饮用的水；而且这里很冷，在水中的热传导比陆地上要快上24倍。鲸减少了表面积与体重的比率，这对它有很大的帮助，但是真正使它活下来的救星是鲸脂。它不仅能够起到绝缘外套和救生衣的作用（它的密度小于海水的密度），而且可以储存从食物中摄取的水分，从而在食物短缺时能够提供一部分快捷的营养补给。

在水中的交流也是一个挑战。味觉没有用，视觉受到限制，而触觉则需要一点技巧，尤其是当鲸只有鳍而没有手指的时候。但是声波在水下的传播速度比陆地上要快4倍，因此鲸将海洋本身变成了一个复杂而精致的通讯系统。鲸的歌声是动物所能发出的最大的声音，有些低频的歌声在几千英里之外都能够感觉到。抹香鲸巨大的头部可以将声音聚集在一起形成爆炸声，可以吓晕一只巨大的枪乌贼，但是它也可以作为一种声音的“视网膜”，如同巨幕影院（IMAX）的声屏一样，并且通过它来了解外面昏暗的世界。在座头鲸长达半个小时的歌声中包含有许多语法规则，从而将由数百万个离散的单元表达的信息包装起来，组合成有语法的声音结构。来自不同地方的鲸都以不同的语调来唱歌，并且在一年中不同的时间、不同的地点都会唱不同的歌。

无论这些歌是从卫星导航系统读取的数据、航海预报、个性化的广告还是叙事诗，我们都将永远不会知晓。我们所知道的只是海军的声呐和普通的海洋噪音污染已经减少了它们80%的传播范围，而且许多搁浅的鲸都患有严重的内耳损伤。我们不再像过去那样捕鲸了，但是却仍然在烦扰着它们。

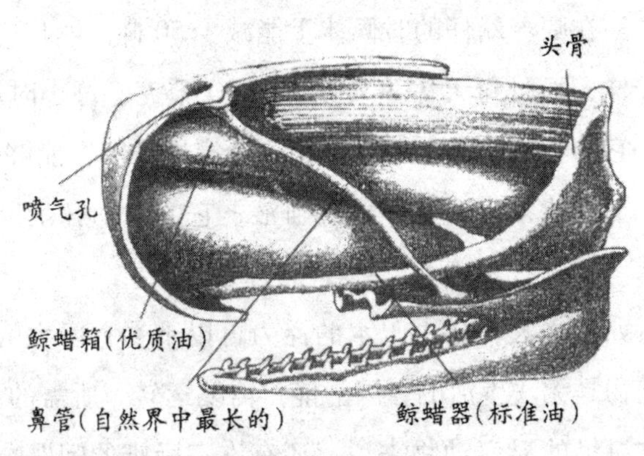

为什么鼻子这么大?

神奇的鼠妇

鼠妇是在地面上活动的甲壳类动物，尽管外表不同，但它们与虾和龙虾相比跟马陆和蜈蚣有着更为接近的亲缘关系。

它们的血液是蓝色的，而且仍旧用鳃呼吸。它们的腹部有一对游泳足，而且具有由湿润的细管组成的分支机构网以便使它们能够从空气中吸取氧气，尽管鼠妇在水中也能够快乐地生活一个多小时。

鼠妇有一长串的别名，例如“母猪虫”、“球虫”、“犰狳虫”、“土鳖”、“窃虫”、“螨虫猪”、“木材干酪虫”、“酒鬼虫”、“反刍蠕虫”、“棺材切割机”、“猴豌豆”、“豌豆虫”、“老奶奶蚂蚁”、“潮虫”、“面包师兄弟”、“摇摆猪”等。在好莱坞，它们被叫做“尿床者”。其实它们并不撒尿，因为它们多孔的外壳可以让废物以氨气的方式排出，而不是以尿液的形式。如果按身体大小的比例来说，它们排出的含氮废物比其他任何动物都多。

多孔的外壳也意味着它们容易遭受脱水的危险。它们趋向于聚集到一起形成一个大的群体，这样就有利于保持身体的湿度和免受天敌捕食。蟾蜍、鼩鼱和蜈蚣都很喜欢吃鼠妇。丽蝇的幼虫也喜欢在鼠妇身上打洞，然后从其身体的内部来吃掉它。石蜘蛛（Dysdera crocata）除了鼠妇之外不吃其他任何食物，它们具有特殊的尖牙，可以刺穿鼠妇的外壳。

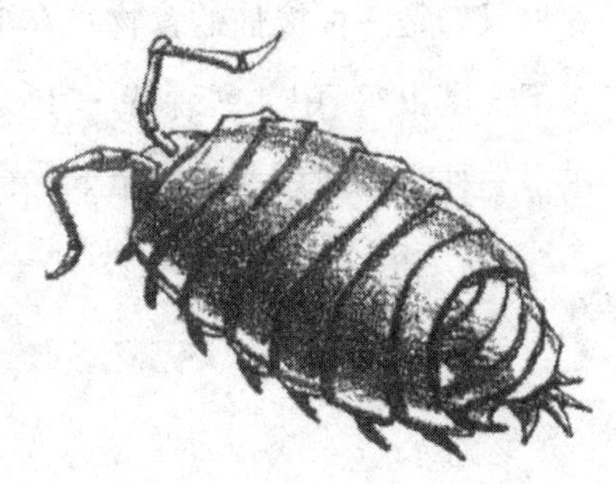

鼠妇用它们尾部来饮水。它们的被称为尾肢的叉状小管可以将水吸进肛门。它们对食物也不是很挑剔。它们喜欢吃腐烂的植物，但是在食物贫乏的月份只要吃自己的粪

鼠妇通过尾部喝水，它们的尾肢也能渗出一种有害的化学胶水来防范蜘蛛。

“好糟糕的命运啊，交配……”

“首先没有我，它既可以生活又可以繁殖，然后我被细菌感染，变成了女的！”

便就足够了。新西兰的一种海潮虫（Scyphax ornatus）主要靠淹死的蜜蜂为食。鼠妇奇异的生活习性不仅对于处理混合的垃圾堆来说是一个好消息，而且由于它们有津津有味地咀嚼垃圾的爱好，所以自然历史博物馆便利用它们来清除纤细的动物骨骼上的残渣。

鼠妇是等足目（意思是“具有相等的足”）动物中的成员，共有3500个物种。它们出现在地球上已经有大约1.6亿年的历史了。它们将自己的幼体放在育儿袋里，进行定期的蜕皮，寿命大约为2年。不是所有的鼠妇都成堆地聚集在潮湿的裂缝里生活。沙漠鼠妇（Hemilepistus reaumuri）成对生活，靠太阳来辨别方向，以有组织的群体方式在洞穴里生活，由鼠妇幼体来做家务活。它们一天能够行走好几英里。

作为一只雄性鼠妇，生活是很艰难的，不但雌性可以单独繁衍后代（孤雌生殖），而且如果它们被一种特定的细菌感染后还会变成雌性。

深海鼠妇（Bath ynomusgiganteus）是一种大型的水生鼠妇。它们生活在冰冷黑暗的海底，像真空吸尘器一样吸食鲸鱼的尸体。它们是白色的，有60厘米长，体重与普通龙虾差不多大。

鼠妇是一种极佳的食物。在1885年发表的曾经引起争论的小册子《为什么不吃昆虫?》中，文森特·M. 霍尔特认为鼠妇的味道比虾还要好，并且提供了一种为鱼肉做调料的鼠妇酱的制作方法。

二、神奇的植物世界

神奇的年轮

在气候呈显著季节性变化的地区，一般多年生木本植物茎内的次生木质部内，每年要形成一个界限分明的轮纹，叫做年轮，也叫生长轮或生长层。

年轮是怎样形成的呢？当树木茎干的形成层细胞分裂时，树的直径就增加了。树内形成的新细胞形成木质部分。在春季及夏初生长期生成的细胞通常比夏末秋初大得多，所以木质颜色浅而宽厚（称早材）。而夏末秋初生成的细胞较小或根本不生长，所以这层木质部看上去色深而窄（称晚材）。当年早材与晚材逐渐过渡而形成一轮，而晚材与次年早材之间则形成界限分明的纹轮，这就是年轮。年轮，一年一轮，查查有多少圈数，就可知道这株树有多少岁了。

年轮——树木这种独特的语言，不仅能为人们提供树木的年龄，还记录和揭示了很多自然现象。

19 世纪 90 年代末，美国科学家道格拉斯想把太阳活动与地球气象类型的变化联系起来，但是以往的气象记录不足以说明问题。后来，他把注意力转到自然界，推想大自然本身可能隐藏着气候类型的记录。可是在哪里呢？在他居住的亚利桑那州北部，生长着一种巨大的美国黄松和其他古树。道格拉斯试图在这些树木中寻找答案。于是，这位年轻的科学家就来到当地的原木场中到处翻找木头。

图为松树和柳树的两种不同的横断面。年轮是树木的特殊语言，不仅提供了树木的年龄，还揭示了很多自然现象。

胡杨是生物界中的英雄，正因为有了胡杨，荒漠中才有了一丝生命的活力。

1904年的一天，道格拉斯到一位农夫家做客，院子里的一根老树桩引起了他的注意，这根老树桩表面因年久而污黑。他如获至宝地仔细观察了它的年轮，发现一圈年轮很窄，他认为这正是1883年结束的长期干旱所造成的。这圈年轮外面还有11圈年轮。他问主人，砍倒这棵树的确切时间是不是1894年。主人非常惊讶，因为他说得一点儿不差。

通过这件事，道格拉斯认识到，检查年轮类型可以知道当地过去的气象情况。不久，他创立了一个新的科学领域——树木年代学。树木年代学是一门把年轮当做时间与过去气象类型标准的尺度来研究的科学。道格拉斯还在亚利桑那大学建立了年轮研究实验室。

从树桩、木块及活树上可以看出年轮的宽窄。树木每年的生长在很大程度上取决于土壤的湿度：水分越充分，年轮越宽。通过对同一地区树木年轮的比较，可以分辨出每圈年轮的生长年代。然后，可以划分出每圈年轮所代表的确切日期。通过分析旧木头，便可知道建造一座大天主教堂，一次森林大火，一次滑坡事件，甚至制作一个油画框的精确日期。

一些科学家的研究成果表明，年轮还可以提供过去年代火山爆发的记录。在树木的生长期，当气温降到冰点以下时，霜冻会给树体造成损害，年轮内就会出现疤痕。

这种寒冷气候常常与火山爆发有关。因为火山爆发把尘埃和其他一些物质喷入大气层，遮住阳光，使地球的温度降低。因此，通过年轮内的疤痕可以判断火山爆发的时间。

现在，科学家们正在研究年轮与地震的关系，他们认为大地震动时，树木受到压力，树木对这些压力的反应也会记录在年轮中。

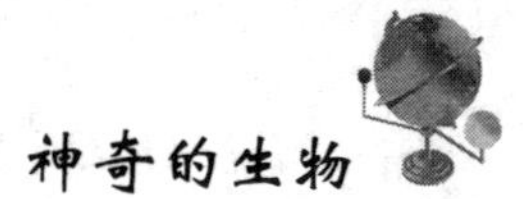

神奇的榕树

俗话说，独木不成林，但神奇的大自然却为我们创造了“独木成林”的榕树。

榕树是亚洲热带、亚热带地区常见的桑科树种，也是最受人喜爱的风景树之一。它的树冠之大，每每让人惊讶不已，叹为观止。

在孟加拉的热带雨林中，有一株特大榕树，从它的树枝上向下生长的垂挂“气根”多达4000多条。它们落地入土后成为支柱根。这样一来，柱根相

榕树是亚洲热带、亚热带地区常见的桑科树种，在它粗大的树干根部附近长满了各种热带植物。

一棵印度榕树可以长出 350 根很粗的支柱根以及 3000 多根较细的支柱根。其占地面积可达 1 公顷之多。

连，柱枝相托，繁茂的枝叶不断向外扩展，形成树冠奇大、独木成林的自然奇观。据说，那奇大的树冠投影面积竟超过了 1 万平方米，曾容纳一支几千人的军队在此乘凉。

中国也是榕树大国。在中国云南盈江县铜壁关，有一株榕树，从树上垂到地面的支柱根有 100 多条，树冠约 3000 平方米。

还有更绝的呢。在我国广东省新会县的天马河中，有一座被称为“新会八景”之一的小岛——小鸟天堂。远远望去，岛上一片浓绿。当乘船驶近时，眼前是一片由上百棵树组成的密林。可你一登上小岛，进入“密林”，就会惊奇地发现，“林”中树木的树干和枝杈都彼此相连、一脉相通。原来，这座占地 1 公顷的岛上只有一棵“独木成林”的特大榕树。那些所谓的树干，其实都是这棵榕树分枝上垂下的气生支柱根。这棵榕树巨大的树冠和浓密的枝叶，给各种鸟类提供了栖息、繁衍的“乐土”，“小鸟天堂”因而得名。

神奇的巨衫

在美国加利福尼亚州内华达山脉西坡有一片一望无际的大森林，这片浩瀚的林海是由巨杉组成的，它名扬四海，号称“巨杉帝国”。

巨杉是植物界中的巨人，属于杉科，是长绿大乔木，长得异常高大，成熟的高达60～100米，最高的达142米，直径12米。树的寿命也特别长，有不少已有两三千年的树龄，甚至有生长了5000年之久的古木。因此又被人们称为“世界爷”树。

巨杉是所有树中最粗大的一种。图为美国内华达州“谢尔曼将军树”，它至少已有3200年树龄，高83米，树干围长24米。

隧洞圆木是一棵倒下的大树，汽车从其洞中穿过，形成了一个别致的大门。

化石记录表明，巨杉是侏罗纪的代表性植物，当时分布在北半球的广大地区，现生存地域仅局限于美国加利福尼亚州内华达山脉西坡。

有趣的是，高大的巨杉，其种子却小得可怜，3000粒扁平形的巨杉种子加在一起才不过几十克重，而且其成活率也不高，平均每株巨杉要撒下100万粒种子，但其绝大部分被鸟类或其他小动物吃掉，只有一两粒能够发芽。不过，如果发芽后能够平安度过第一年，绝大多数都能成材。

树龄小的巨杉树皮很薄，但随着树龄的增长，树皮越长越厚，一般可达30多厘米，最厚的竟达60多厘米。这使它具有很强的防火能力和避虫害能力。此外，由于它的树液中的鞣酸含量高，消毒杀菌力强，因而很少生病。

100多年前，人们才发现这种巨树，因它的树叶奇特，被称为“猛犸树”或“加利

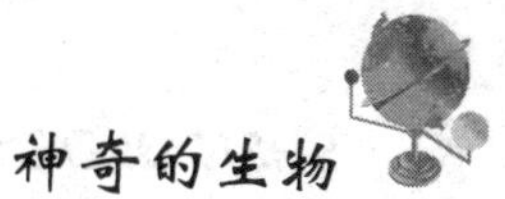

福尼亚松”。1859年英国人命名它为“威灵顿巨树”，以纪念在滑铁卢打败拿破仑的英军统帅威灵顿。美国人对此大为不满，把它命名为“华盛顿树”。

在巨杉帝国中，最著名的一株巨杉位于内华达山脉西侧的公路上。据考察，这棵大树的树龄在5000年以上，总重量达280万千克，等于450只最大的陆生动物——非洲象的重量，地球上最大的动物蓝鲸，也要15只加在一起才能和它的重量相近。

后来，在修建公路时，它正好挡在路中间。砍吧，它实在太珍贵了，不可以；留吧，旁边又无路可绕。后来施工人员想了一个绝妙的办法，在树身上开凿了一个高、宽各3米的隧洞，让公路在树身中穿过，往来不息的汽车在树中间穿梭而过。这棵被誉为树王的巨杉，也因此而成为一大景观，吸引了无数游客。

美国的巨杉国家公园是原始巨杉重要的保留地，图为一组名为“参议员组”的巨杉群树。

神奇的银杏树

银杏是目前在地球上繁衍生息的30万种高等植物中最古老的种类。早在距今3亿多年前的古生代石炭纪，银杏家族的古老成员就出现了。在距今2.5亿年前的古生代二叠纪地层中，科学家们发现了类似现代银杏的古银杏化石。

到了中生代，银杏的家族变得空前繁盛，种类多，分布广，除赤道附近和南极洲外的所有陆地，都有它们的踪迹。但在恐龙灭绝后不久，银杏家族也在地球环境的变迁中逐渐衰落。200多万年前开始的新生代第四纪冰期后，银杏家族几近灭绝，仅银杏一种幸存于亚洲东部，成为当今世界上最古老的"活化石植物"，为科学家研究地球的历史留下了活的证据。

银杏是一种裸子植物，它不开艳丽的花朵，但它那形如小折扇，又似鸭脚的叶片却奇特而美丽。尤其在秋季脱落之前，嫩绿的银杏叶由上部边缘开始逐渐变黄，起初就像镶上了金边，不久整个叶片都被染成了金黄色，远远望去，银杏形如华盖的巨大树冠在阳光下金光闪烁，雄奇、华美异常。

这就是山东莒县那棵"天下第一银杏树"。树上长满了树瘤。按照当地习俗，很多女性都在树瘤上系上红带，据说这样一来可以保佑自己生个儿子。

我国山东莒县浮来山上的定林寺内有株树龄为4000多年的“天下第一银杏树”，是世界上最古老的银杏树，它已被列入“世界之最”和《吉尼斯世界纪录大全》。

这棵大树高26.3米，树身围粗15.7米，树冠遮地660多平方米，树根蜿蜒裸露，每天需吸收2吨的水分。这株树的围粗自古就有“大八搂”、“小八搂”之说。“大八搂”是指个子高的人去搂，正是八搂；“小八搂”是指个子矮的人去搂，恰好也是八搂。原来，这株大树树干是下细上粗。

这株大银杏树，至今枝叶茂密，每年结果不辍。它不但枝条上结果，就连那粗粗的枝干上也结出银杏来。更有奇者，在这株大树枝桠根部长出30个形似钟乳石的树瘤，轻轻叩击，里面似乎是空的，发出“咚咚”的响声。日本帝国主义侵华时，曾偷伐去一个树瘤，剖开看时，花纹仿佛山水云烟，令人叫绝。

神奇的连理树

在瑞士日内瓦橡树路旁有两株梧桐树，这两棵树原来本是相邻而立。由于两树距离较近，相交的树枝因经常摩擦而蹭破树皮并分泌液体，结果使两树枝杈粘连，日久天长竟“相依为命”，长成了奇特的连体树。

在我国安徽省铜陵县凤凰村前，有一棵树龄达700多年的水桦树。它在4米宽的小河两岸各长一干，在2.5米高处会为一体，被人们称为鸳鸯树。

在我国海南岛兴峰岭林区，有一棵高大的樟科植物刻节桢楠，它与一棵比较细小的橄榄结成了鸳鸯树。在离地面1.5米左右的地方，粗壮的刻节桢楠把橄榄搂进自己的怀抱，到了7米以上，两棵大树的主干紧紧地贴在一起，简直不易分得出彼此了。

何首乌是一味中草药，图为珍奇的夫妻形何首乌，它们是在同一地方采集到的。

在浙江省遂昌县湖山乡奕山村，有一株阴阳树——樟抱松。远看它是一棵树，近看实为两棵树，树根相连，密不可分，当地人称其为“夫妻树”。樟树高30多米，树围2.5米；罗汉松高8米，树围90厘米。两树根部相连，树身至1米处分开。

在北京中山公园，也有一株奇树——说是一株，其实是两株：粗大的柏树干上有一裂缝，裂缝中又长出一株槐树来，两树合为一体，自然天成，奇妙无比，被取名为“槐柏合

我国山东莒县定林寺内的一棵榕树和两棵柏树合为一体。该图为其局部特写。

抱”，成为中山公园里一处有趣的植物景观。这两棵拥抱在一起同生同长的槐树和柏树，至少已经有 300 年的历史了。

在我国广西陆川县温泉乡盘龙村有一棵榕树和松树合为一体的奇特大树，高 29 米，树冠覆盖面积约 200 平方米。主干分枝处榕树干将松树干完全抱拢，松树干从榕树干腹心穿出仍往上生长，二树枝叶交叉相错，十分壮观。

神奇的花大王花

大王花又名莱佛士大花草，1815 年 5 月，英国植物学家莱佛士在印度尼西亚的苏门答腊东南部的热带森林中首次发现，为了纪念它的发现者，便将其命名为莱佛士大花草。

大王花平均重约六七千克，直径 1 米左右。最大的直径约 1.4 米，最重的达三四十千克。花瓣呈红色或紫棕色，含有很多浆汁，每片花瓣大约 30～40 厘米长，20 厘米宽。花的中心部分很特别，看上去像一只脸盆，如用它盛水，可装六七千克之多。

大王花的生长周期很长，当一颗细小的种子散落到其他植物的表皮上以后，便慢慢形成一个“实心瘤”，待长至杏仁大小时，就会冲出表层，且不断

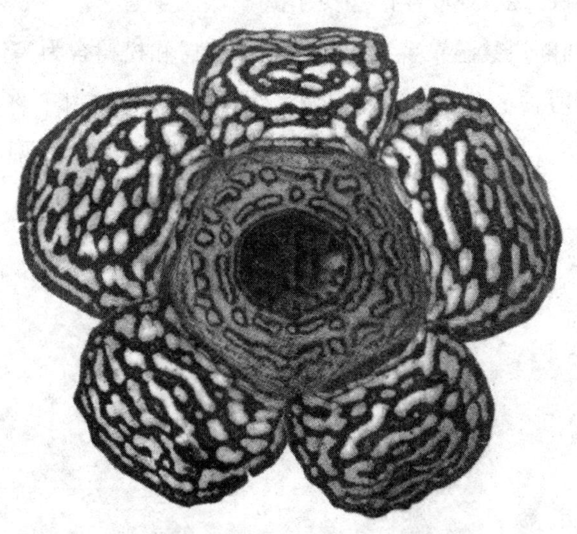

大王花无根无叶无茎，其生长期较长，但花期短暂。花期一过，整株花就掉落在地，开始腐烂。

变大，几个月后长成一个叶球。令人惊奇的是，作为“世界花王”，它盛开时不但不香，反而散发出一股恶臭气味，让人闻而却步，却招来了一群臭味相投的朋友——蝇类和甲虫。它们在花上爬来爬去，无意中充当了传粉的媒人。它花期短暂，3 天后失去光泽；一周后，花朵完全变黑；再过 15 天，整株花掉落在地，开始腐烂。

大王花直径可达 1 米，它像蘑菇一样紧贴地面寄生在藤本植物上。开花季节，它那巨大的花朵发出臭肉的味道，吸引被迷惑的蝇类和甲虫为其传粉。图为类似大王花的一种草本植物。

大王花另一奇特之处在于它既无根，又无茎，还没有叶子，简直有些不像植物。而且别看它在花中称王，可过的却是一种寄生生活。它只有黏附在葡萄科的爬岩藤属植物的身上方能生长。由于花期短暂，因而授粉也非常迅速。此外，为了使授粉有效，附近需有雄性花朵，而且还必须要求雌、雄花朵同时开放。

授毕花粉，便开始结出果实。大约六七个月之后，便产生了成百上千个沙粒般大小的种子，完成整个生长周期大约需要一年半的时间。其花蕾的死亡率相当高，因为它对外界的骚扰异常敏感。

关于大王花，至今尚有许多谜没有解开。例如，这种植物究竟是如何以其独特的方式、利用特定的植物和昆虫进行寄生生活的？它是怎样得以进入腐败的藤本植物的表皮的？又是如何散布种子的？对于后一个问题，人们猜想，可能是由白蚁或吃食白蚁的小动物将其种子遗留在植物表皮上的。

神奇的圆叶植物

在巴西亚马孙河流域，人们经常可以看到水面上漂浮着一片片绿色的大圆叶，这种世界上最大的植物圆叶，就是著名的睡莲科植物——王莲的叶子。

王莲的叶子大得惊人，直径一般为2~3米，最大的直径达4米。王莲叶子浮在水面上，叶的边缘向上翻卷，样子像个浅浅的大圆托盘，具有很高的负荷力，可以轻易托住一个半大孩子。最大的王莲叶子，可负荷重量竟达70千克。王莲的叶子为何有如此大的浮力呢？这是因为它的叶子面积大，从叶中央到四周都有放射状的粗大叶脉，它们构成了坚固支架；在叶脉之间还有许多弧形横隔，分成一个个气室，这更加大了它在水面上的浮力。因此，王莲叶子的承重力很强。

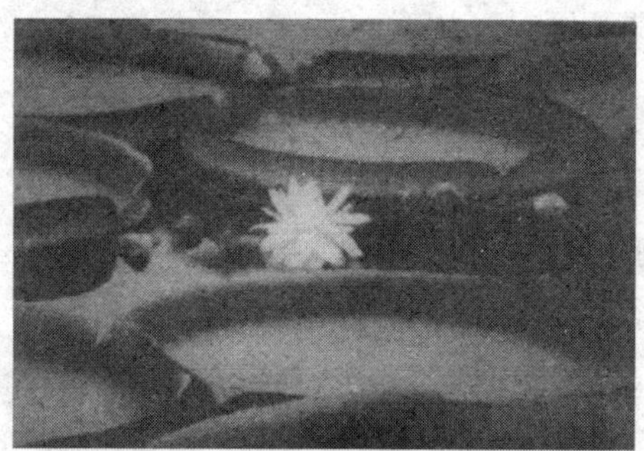

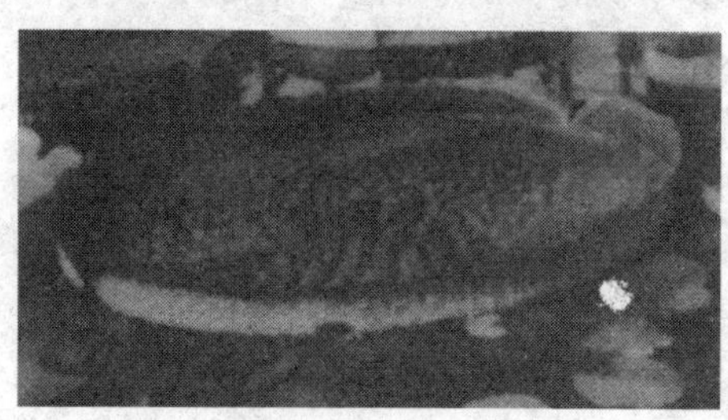

王莲原产南美洲亚马孙河流域，为多年生水生植物。

王莲是多年生的缩根性水生植物，每棵王莲能长出二三十片大叶子，虽然根系发达，但却没有主根，不长藕。叶子向阳的一面十分光滑，呈淡绿色；背阳的一面除了粗大的叶脉外，还长有长长的刺毛，颜色也不同于向阳的一面，呈暗红色。

亚马孙河地处南半球，每年的1月，正是气候炎热的夏季，这时王莲开始开花。王莲的花有粉红色的，有淡蓝和白色的，偶而可见深紫色的花。王莲的花硕大无比，直径有40厘米，

王莲为水生植物中叶片最大者，可承重数十千克。

暮开朝闭。黄昏时分，刚伸出水面不久的蓓蕾，含情脉脉，接着绽开洁白的花朵，并散发出缕缕清香，芬芳四溢，招来众多的甲虫前来采蜜、传粉。到第二天早晨，花瓣又闭合了，直到傍晚花儿又重新开放。这时候的花瓣的颜色已由白色渐渐变成了淡红色，最后到深红色。接着花朵向下低垂，开始凋谢，在水面结籽。王莲的果实是球状的，每个果实里面有几百粒玉米粒大的种子，其中含有大量淀粉，可以食用，味道还相当可口。

王莲是世界闻名的观赏植物。它虽然生活在热带地区，但现在世界各地的著名植物园都引种了它。我国的西双版纳植物园、广州华南植物园也引种了它。

近年来，科学家们又发现了王莲的另一妙用——可以净化河水。王莲的根周围的真菌和细菌能分解河水中的有机物质，根本身也能够吸收河水中的有毒物质，从而使河水得到净化。

神奇的石头花

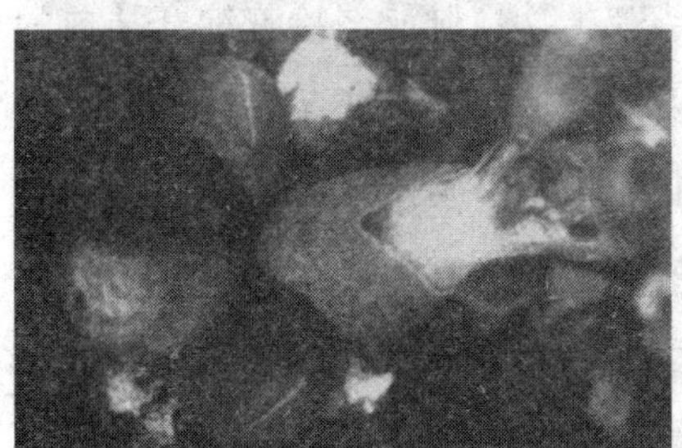

生石花也叫石头花，原产南非及西南非洲的干旱地区，为多年生肉质植物。其表面像花纹美丽的卵石，别具情趣。

土壤是高等植物生长的根基，植物利用自己的根系从中汲取必要的水分和营养。石头是没有生命的，有谁能想像到石头上也可以“开”出花来呢？世界之大，无奇不有，在非洲南部就有许多“石头”能够创造出这样的奇迹。

在南非和纳米比亚的沙漠及干旱的砾石地上，每年的7～12月间，都能看到石头开花的奇特景象。一堆堆、一片片的碎石或卵石中间，如繁星般点缀着一朵朵美丽动人的鲜花。这些花既没有片片绿叶相陪，又看不到茎枝相伴，除了花以外，就是或扁或圆的石块。每朵花都开放在两块大小相近、颜色和形状相同的碎石或卵石中间。但当人无意中踩到这些“石块”上时，真相就大白了。它们不但不会使人感到硌脚，反而一踩即破碎，从中还会流出汁液。如果把这些半埋着的“石块”挖出来，就会看到在它们的下面还长着根呢！原来，这些都是冒牌的石块，真正的植物——生石

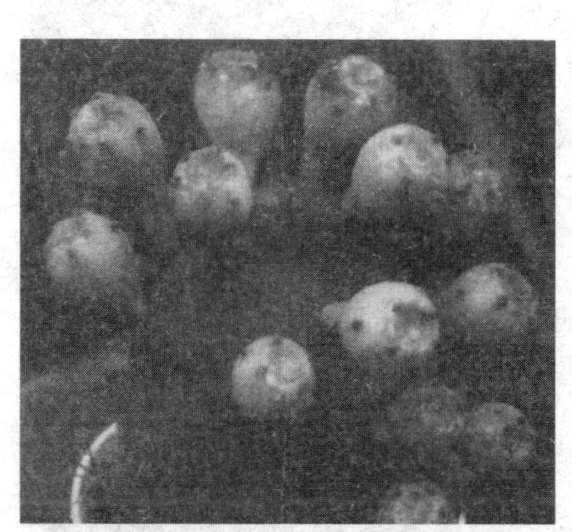

沙漠中的植物为了生存，要尽量保存水分，减少蒸发。仙人掌在干燥的地带照样长得郁郁葱葱。

花。那些所谓的碎石或卵石，其实是这类植物变形的叶子，它们靠模仿石块的样子以求生存，不然它们那弱小而多汁的身躯，早就成了食草动物的美味佳肴了。

生石花，也叫石头花，被称为“有生命的石头”，因只生长在非洲南部的个别地区，因此十分珍贵，其中有些品种已经在世界各地普遍栽种。

其实，真正的岩石上也并不是寸草不生。虽然在光秃秃的岩石上，高等植物显得无能为力，但低等的石生植物却能表现出它们的强大生命力。这种生存环境对于植物来说是残酷的，白天，阳光照耀着岩地，石头上的温度可高达50°C～60°C，夜间则很快下降到最低点。另外，岩石是绝对干燥的基质，石生植物只能利用自己的整个表面来吸收雨露、雪融水等，同时还要生有有效的固着器官，以便使自己附着在岩石上。如此恶劣的条件，只有藻类、地衣和苔藓植物才能生存。

白色胶球藻是蓝藻的一种，它的藻体细胞呈球形，细胞壁厚，外边有一层胶质鞘包裹着，用来黏附在岩石表面，每一个细胞都有圆形的同心纹，形成群体后十分容易识别。当它进行繁殖时，细胞有规则地彼此垂直地向三个方向分裂成子细胞，各子细胞产生一圈胶质层，但母细胞的老胶质层并不脱落，仍包在子细胞的外围，成为公共的胶质层。因此，每分裂一次，其胶质层就增加一圈，当群体内超过八个子细胞时，外围的胶质层就得更换。这样，一个群体就分裂成两个子群体。白色胶球藻的胶质鞘是红色的，当它们在岩石上迅速繁殖时，就会形成肉眼可见的红色壳状植被体。有时，它们也生长在木材上或其他地方。

巨人柱是生长在美国亚利桑那州的巨型仙人掌，高达15米，有6~10吨重，它的寿命可能超过300岁。

地衣是石生植物中比较大的类群。地衣植物体是由真菌和藻类共同组成的，地衣共同体的营养是由藻类进行光合作用而制造出来的。菌类的主要活动是吸收水分和无机盐，并在环境干燥时保护藻类细胞，使它不致干死。

地衣虽然生长缓慢，但随着时间的积累，却表现出改善环境的巨大力量。岩石在

生长在纳米比亚沙漠中的百岁兰，是远古时代留下的植物珍品，它有两片像牛皮一样厚的叶子。纳米比亚沙漠几乎没有雨水，百岁兰只能利用叶子汲取从大西洋上刮来的雾气中的水分。

马勃是蘑菇的一种，它在成长过程中，会慢慢干枯，接着毛茸茸的皮肤开始裂开，随风撒播着自己的孢子。

地衣的侵蚀下，加速了本身的风化过程，同时还积累了一些有机质和空气中降落的灰尘，从而逐渐改变了原来的环境条件，于是苔藓植物中的藓类逐渐生长起来，地衣就让位给藓类，自己再向条件比较差的地区发展。这样，植物演替的第一阶段结束。又经过一段时间，随着土壤厚度的增加，苔藓植物又让位给另外一些植物，渐渐地从草本发展到灌木再到乔木，最后，原来的岩石地带就变成了一片茂密的森林。当然这是一个漫长的历史过程。因此，地衣被看做是土壤的形成者之一和其他植物的开路先锋。

生长在岩石上的苔藓植物种类较少。有黑藓类、灰藓类和紫萼藓类。东北黑藓一般生于高寒地带的干燥花岗岩上，它的植物体密集丛生，在岩石上形成一层黑红色的稠密垫子，并带有光泽，茎高约 2 厘米，叶片密集地生于茎的上半部，下部茎通常裸露。由于石生环境的水量不平均，当环境干燥时，它的叶片即呈覆瓦状紧贴于茎枝上，潮湿时才展开。

神奇的“食物树”

树是人们最常见的植物之一，很多树结出的果实都是人们的美味食品。不过，有些树的“果实”比较希罕，与我们通常所说的果树大异其趣，于是有人将它们统称为“食物树”。

面条树

在南非有一种奇特的树木，它的果实呈长条形，最长的约有 2 米。当地人把这种果实叫做“须果”。当“须果”成熟时，人们把它们割下来，在太阳下晒干。吃的时候，把它放在锅里煮熟，再配上各种佐料，便成了一碗味道独特的面条。

卡脖子无花果树的种子落到其他树上，就长出一些长长的根，沿着树干垂落下来钻入土中，慢慢长大。几年后，树根有了足够力量，会紧紧缠住它所附身的大树，大树便慢慢窒息死亡，只剩下一个空壳。

大米树

太平洋地区的一些国家里，有一种名叫“西谷椰子”的树。它的树形很像椰子树，令人叫绝的是，这种树可产出“大米”来。

这种树的树皮、树干内含有大量淀粉。当地人常把树砍倒，将树干劈开，取出淀粉，然后放在清水中沉淀、晒干，最后加工成像大米一样均匀、洁白的颗粒。人们称之为西谷大米。一般情况下，每棵西谷椰子树可产西谷大米 300 千克左右。西谷椰子树一般只开一次花。开花之前，树干内堆集的淀粉可达几百千克。

可奇怪的是，只要一开花，树干内的大量淀粉很快就会消失得一干二净。

在缅甸东部的一片树林中，有的大树干上雕满了人头像，叫人啧啧称奇。

香肠树

前面提到的“食物树”仅限于主食，有没有“副食”呢？刚果有一种果实样子非常像香肠的树，人们称它为“香肠树”。遗憾的是香肠树的果实不能吃，但可用来制造黄色颜料；外壳可用来制造碗、茶杯和各种装饰品；树皮还可以做药材，能治风湿、蛇咬等伤痛。

木盐树

有了“主食”、“副食”，还应该有些“佐料”。在我国东北长白山地区，长有一种六七米高的树，每到夏天，这种树的树干上就会冒出“汗水”，并凝

大自然为人类准备了各种各样的食物，图为农民们正在剥橄榄。橄榄树质非常坚硬，密度极高。

在安的列斯群岛上有一种“死神之树”，名为茫齐涅拉树。人不论碰它的果子、枝叶、树汁，还是树皮，都会中毒。据说，岛上古代时有一种酷刑，就是将犯人光着身子绑在树上，这样 24 小时以后，犯人就会痛苦地死去。

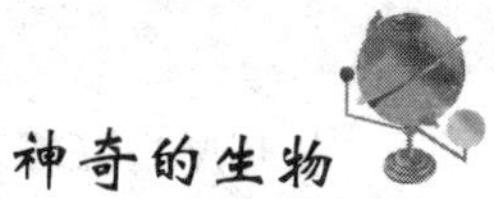

结成一层雪白的盐霜。这种盐霜可以直接食用，味道完全可以与精盐媲美。人们给它取了一个名副其实的名字——木盐树。

糖槭树

在北美洲，有一种能够分泌糖汁的树，它的名字叫“糖槭树”。这种树通常高30多米，树干的直径大约60～100厘米。每年1～4月份，是割取糖汁的大好季节。一棵生长15年以上的糖槭树，每年可产约360千克的糖汁。但是这种树并不是永远都产糖的，平均每棵糖槭树的产糖期为50年左右。

很多人都感到奇怪，糖槭树里的糖汁是怎样产生的呢？原来，糖槭树的树干内贮存着大量的淀粉。每年冬天，这些淀粉慢慢地转化成糖。到了第二年的春天，草木复苏，树液开始流动，这时便可以在树干上切口取汁了。

无独有偶。在柬埔寨境内，也生长着一种产糖的“糖棕树”。只是这种树的糖汁，既不是从树干上引流，也不是从果实中榨取，而是从它的花蕾中提取的。一棵糖棕树在半年的开花期内，可产糖约150千克。

糖槭树是北美特有的树种，树形美观，叶互生，集生枝端，可割取树汁，味甘甜可口。

俗话说，“树怕剥皮”，但生长在地中海一带的栓储树却不怕剥皮，可以说是你剥多少我长多少。

味精树

在云南贡山，有一棵高约20多米、粗一抱余的阔叶大树，其皮呈深褐色，叶阔大如掌，叶肉厚实。其在方圆几十千米的高山密林里是独一无二的。当地居民煮肉菜时，摘取这棵树的树叶或割下一块树皮放在锅中，煮出的肉菜格外鲜美。这棵树成了当地居民的“味精树”。

奶　树

人人都知道奶牛，却很少有人知道奶树。在南美洲的厄瓜多尔、哥斯达黎加、委内瑞拉等国生长着一种“奶树”。这种树的果实很小，不能食用。可树内的汁液却可与最优质的牛奶相媲美。当地人非常喜欢饮用这种“牛奶”。取用“牛奶”也很方便，只要用刀在树干上划个小口子，乳白色的“牛奶”就会源源不断地流出，一小时就能收集

奶树的树冠非常庞大，它身边的一些矮小植物也渴望见到阳光，都寄生在奶树的树身上。

1 千克左右。但这种奶不能长时间保存，久放会变质，所以必须现饮现取。

除了有产“牛奶”的树，在希腊还有一种能产“羊奶”的树。这种被人们叫做“喂奶树”的奇树，树身上每隔几十厘米就会长出一个能自然滴出“乳汁”的奶包来。当地的牧羊人常常把小羊羔抱到树下，让它们吸食奶包里的“奶”液。

无花果树原产地中海沿岸，其果、根、叶均可入药。

酒　树

在非洲的东部，生长着一种叫“休洛”的酒树，它常年分泌出一种香气芬芳并含有强烈酒精气味的液体，当地人把它当做天然美酒饮用。

猴面包树

在世界第四大岛——非洲的马达加斯加岛上生长着一种奇形怪状的“猴面包树”。

它的枝杈形状千奇百怪，酷似树根。这种“根系”好像“长在脑袋”上、暴露在空气中的乔木，属锦葵目木棉科，原产于非洲。树干呈希奇古怪的“大肚子”式的“圆桶形”。它们通常高约 10 多米，但是“腰围”（即树干最粗处的周长）却往往长达几十米，常常要一二十个人手拉手才能合抱一圈。当地人对它抱有一种迷信：合抱它后，再把耳朵贴到树干上就能听到卜凶问吉的魔鬼咒语。由于它的长和宽比例有些失调，像一个硕大的啤酒桶，因此样子显得很可笑。但很多人就是非常喜欢它那滑稽的模样。

猴面包树的下部树干周长可达几十米，但顶上的树枝却很细小。在马达加斯加语中，它的名字意为“千年树”。

猴面包树在非洲还被人们称做“生命之树”。每当旱季来临，为了减少水分的蒸发，这种树会迅速地落光身上所有的叶子。一旦雨季到来，它又会依靠自身松软的木质，如同海绵一样大量吸收并贮存水分，然后开花结果。其果实“猴面包”像一个巨大的葫芦，甘甜味美，是猴子和猩猩十分喜爱的美味佳肴，“猴面包”这个有趣的名字也正因此而来。不过，这种“猴面包”更是当地居民的“天赐食物”，在非洲历史上的几次大饥荒时期，这种“天然面包”曾从死神手里夺回了成千上万饥民的生命。因而猴面包树又有“非洲的生命之树”的美称。

科学家们在猴面包树上还发现了一个惊人的秘密：常吃“猴面包”的人不会患胃癌。美国北卡罗来纳州杜克大学医学院的科研人员通过努力，从“猴面包”中分解出一种物质，这种物质能防止癌细胞的形成和扩散。此外，科学家们还发现，它的果实、叶子和树皮均可入药，分别具有养胃利胆、清热消肿和镇静安神的功效。

猴面包树还是植物王国中的老寿星。只要没有特殊意外，它们一般可以活4000～6000年。一株老树周围常常是“子孙满堂”，因而它又有“森林之母”的美称。

英国著名植物学家伍斯特曾说过这样一段话：“世界上有许多希奇古怪的树，但它们不是某一株树木在特殊条件下的‘变异’，就是一些非常罕见的‘稀少树种’，因此，作为一种数量较多的树木来说，称猴面包树为非洲树王，甚至世界第一奇树，并不过分。”

神奇的恶之花

花是美丽的象征，它会让人心情愉悦，精神振奋。可是世界上竟然有一些花与人们常见的花完全相反，展现给人的更多的是丑、恶的一面。我们不妨借用法国诗人波特莱尔的诗句，称之为“恶之花”。

“蒙汗药”花

“蒙汗药”是中国古典小说中常见的能使人失去知觉的药。在大自然中，有一些花竟然与“蒙汗药”具有相同的功效，于是有人戏称之为“蒙汗药”花。

带刀仙人掌是生长在墨西哥的一种耐旱植物，它身上长满了刺，所以不怕草食性动物。它已濒临绝种，惟一的敌人是人类。

圆叶茅膏菜是一种可怕的肉食植物。它生长在地面上，圆形的叶片上长有一些红色的毛须。小飞虫往往将其误认为是红色的花朵，从而落入圈套。毛须会将小飞虫卷在里面，使之窒息死亡。两天后，当它重新展开时，小飞虫已经完全被消化了。

在西班牙有一种名叫“勃罗特”的野生植物，它的花所散发出的芳香气味，对人的中枢神经有抑制作用，人闻了这种气味后便会沉沉入睡，其效力可达3小时之久。如果人躺在这种野花丛中，就会长时间昏然酣睡。于是，当地人就利用它的这种特点，把它当催眠药用。在家里栽上几盆勃罗特花，对神经衰弱的失眠症患者进行催眠，可产生良好的效果。

无独有偶。在坦桑尼亚的山野里，生长着一种野菊花，也有强烈的催眠作用，其功效甚至比安眠药还大。由于这种野菊花的花瓣味道香甜，贪嘴的人吃后，不大一会儿就会酣然入睡。当地居民常利用野菊花的强烈的催眠作用来捕捉野兽。他们把野菊花摘下来，捣碎后拌在食物里，然后将拌好的食饵放置野外，飞禽、野兽一食用后，便会昏昏睡去，人们就可以毫不费力地将它们捕获。

科学家们认为，这种野菊花之所以能催眠，一定是花的香气中含有某种特殊的挥发油。一旦人们了解了它的化学成分，就可以研制出新的高效催眠药品来。

刺刀花

在秘鲁索尔米拉斯山上，有一种能像兵器一样刺伤鸟兽的刺刀花。这种花植株很矮，只有三四十厘米高，可是开的花很大，和脸盆相仿。每朵花有五个花瓣，花瓣边缘上长满像针那样尖利的刺。如果轻轻碰它一下，它的花瓣就会猛地飞弹开来，要是被花瓣弹着了，轻的会刺出血来，重的能将人的肌肤划出一条很深的“刀痕”。

牛蒡是生长在欧洲的一种植物，它同刺刀花一样具有极大的“杀伤力”，动物从它的身边走过时，其果实上面的小钩子会划开动物的皮肤，并注入剧毒。

杀人花

还有比刺刀花更厉害的。在南美洲亚马孙河的原始森林里，生长着一种娇艳的日轮花，能发出奇异的花香。如果有人被那细小艳丽的花朵或花香所迷惑，上前去采摘，只要轻轻碰触一下，那些细长的叶子立即就会像八爪鱼一样卷过来，把人的胳膊拉住，并且将人拖倒在潮湿的地上。之后，那些躲藏在日轮花旁边的大型食人蜘蛛，就会迅速赶来咬食人体。这种蜘蛛的上腭内有毒腺，能分泌出一种毒液。这种毒液进入人体，会致人死亡。由于蜘蛛众多，一个活生生的人片刻之后便只剩一副骨架。当地人对这种花十分恐惧，简直到了谈花色变、提心吊胆的地步。

奇怪的是，凡是生有日轮花的地方，必有食人蜘蛛。食人蜘蛛咬食完人（或动物）之后，所排出的粪便正好成了日轮花的一种特殊的养料。于是，日轮花就尽力地为食人蜘蛛捕猎食物，它们狼狈为奸，共同干着害人的勾当。

毒花一族

一品红花。朵艳丽，绽放长久。但其茎叶中的白色乳汁，如果沾在人手臂上，会使皮肤红肿。特别是误食其茎叶，会引起中毒。

万年青。叶色先奇绿，后艳红，观赏价值很高。但其枝叶的液汁毒性极强，其果实毒性更大，人畜误食会有生命危险。

水仙花。此花具有较高的药用和一定的观赏价值。但其茎中含有一种叫“拉可丁”的有毒物质，人畜万一误食，能引起呕吐、腹泻等中毒症状。

含羞草。含羞草之所以一触即“羞”，是由于其体内含有一种含羞草碱，这是一种毒性很强的有机物，人体过多接触，会使头发脱落或引起周身不适。

夜来香。夜晚香味浓烈，但香味中含有一种有害的物质，会令患有高血压和心脏病的人憋闷难受。因此，在其盛开时，不宜放在卧室内。

非洲有一种长着小红果实的灌木，很像樱桃，当地人称它“红星星”。这种红果酸甜可口，但具有很强的催眠和麻醉作用，当地土著医生经常用它来代替手术中的麻醉药品。

神奇的食肉植物

动物吃植物是天经地义的，而植物吃动物则显得有些不可思议。可是世界上却的的确确存在着“吃荤”的植物。

猪笼草是人们比较熟悉的一种食肉植物。猪笼草分布在印度洋群岛、斯里兰卡及我国的云南和广东南部等地，是一种常绿半灌木，大约 3 米高。猪笼草的叶子很长，紧贴在枝节部分，宽而扁平。叶子中间部分延伸成细长的卷须。叶子最外边部分，像个悬挂着的瓶子。这“瓶子”长长的，色泽鲜艳美丽，乍一看，好像一只猪笼，叶子的最末端就是“猪笼”的盖子。猪笼草因此而得名。

猪笼草的笼子约 15 厘米长。它的内壁、笼口布满蜜腺，能分泌出又香又甜的蜜汁。这种又香又甜的蜜汁，能把小飞虫吸引过来。小飞虫飞来吃蜜时，常常因笼口十分光滑，一失足跌进笼里。这时候，笼盖就会马上盖紧，使小飞虫有翅难逃。倒霉的飞虫在里面使劲往上爬，可是由于笼壁非常光滑，根本爬不上来，而且，飞虫的挣扎刺激了笼壁的消化腺，消化腺立刻分泌出一种又黏又稠的消化液，把小飞虫化成肉汁来滋养自己。

猪笼草类植物借由叶部上方所分泌之腺体蜜液吸引昆虫，昆虫落入壶囊（所谓“猪笼”）后，蜜液中所含的蛋白质分解酶将昆虫尸体消化。

捕蝇草有一排齿状的穗毛，穗毛受到触碰，叶片便会自动合起，将猎物围住。

猪笼草的种类很多，全世界一共有 70 多种。猪笼草不仅能捕吃蛾、蜜蜂、黄蜂等昆虫，甚至还能捕食蜈蚣、小老鼠。

除了猪笼草以外，生活在各地池沼中的狸藻也是一种“食肉”植物。它是一年生的草本植物，除了秋季开花期外，其余时间全身都沉在水里。它的茎细而长，有许多分枝，枝间散生由叶变成的捕虫囊，囊口有能向里开动的活瓣，口缘生有几根刺毛，常随水漂动。小虫顺水游入囊内，只能向里开的活瓣牢牢地将小虫关在里面。小虫只能乖乖地束手就擒，成了狸藻的一顿美餐。有人进行过测试，狸藻的捕虫全过程不超过 1 分钟。

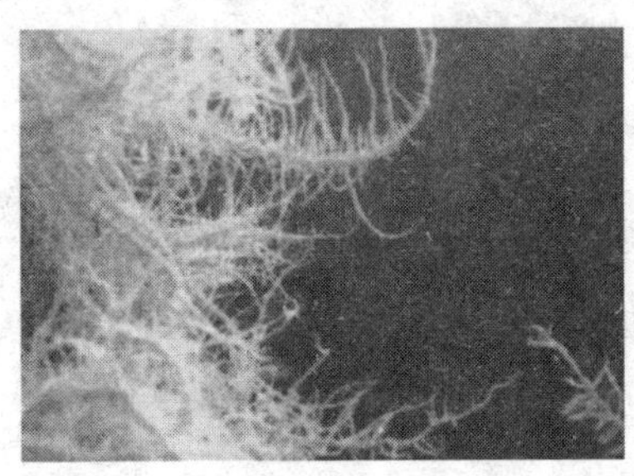
分枝的地衣看起来像是一团难缠理的线。

而生长在美洲的捕蝇草的“捕虫”本领更为惊人。它的捕虫叶由团扇状的叶片和扁平的叶柄构成，叶片边缘有 20～30 根细毛，叶面两侧各有 3 根长刺。这种长刺感觉非常敏锐，当苍蝇等小虫飞来停留在它的叶上时，如果碰到它的长刺，叶片两侧很快向中央折合起来，苍蝇立刻成了它的俘虏，然后由叶腺毛分泌消化液，把苍蝇慢慢消化掉。这种捕虫叶的内侧呈红色，对昆虫具有诱惑力，尤其是蝇类对红颜色特别敏感。

据马来西亚《星洲日报》报道，一位叫鲍拉格尔的生物学家，曾用特殊方法培育出 1 米多高的捕蝇草。这种草一下子就能咬断人的胳膊或吞吃整条狗。这位科学家将这些捕蝇草种植在房屋旁边，以防盗贼闯入。鲍拉格尔说：“我所住地区犯罪活动猖獗，过去我家曾 5 次被盗。这些贼很有一套，他们常以巧妙的办法避过我家的看门狗和报警器。可自从种上捕蝇草后，贼再没有上门作案，因为他们看到这庞大的捕蝇草就已吓得不敢轻举妄动了。”这种改良后的捕蝇草有一个特别大的嘴巴，那些短毛锋利如刺，就好似嘴巴内的牙齿，极大地提高了捕蝇草的捕虫能力。曾有一次鲍拉格尔自己不小心擦过捕蝇草，捕蝇草大嘴立即合拢，幸好锋利的短毛只擦破他肩上的皮肤，没有造成更大的伤害。

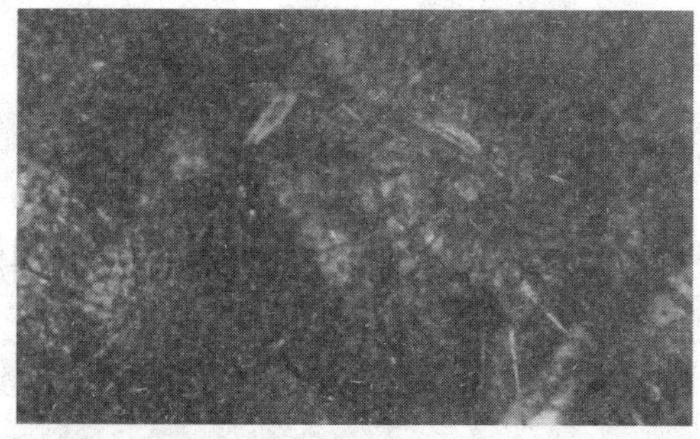

毛毡苔生长在贫瘠的湿地上，以捕捉昆虫并消化它们作为氮元素的来源。

可怕的缠人藤蔓。

还有比这更厉害的！在印度尼西亚的爪哇岛上，有一种树叫奠柏，这种树有八九米高，长着很多很长的枝条，要是有谁不小心碰到了它们，全树的所有枝条好像得到了某种号令，一个方向，一致行动，像条条魔爪一齐伸了过来，紧紧地把人缠住。你越是挣扎，它便把你勒得越紧。岂止如此，在伸出的“绞索”上，还会分泌出浓浓的胶液，把人的耳鼻口眼糊住，直到把人活活勒死，真是残忍至极！因此人们见了这种怪树，都望而生畏，绕道而行。当然它不仅吃人，其他冲撞它的动物也不能幸免。

这种树为什么会吃人呢？人们分析，它长期生长在贫瘠的土壤里，生长所需要的养分得不到保证，因此便“饥不择食”，掌握了掠食动物的本领——动物被粘住后腐烂掉，便成了它的营养品。

神奇的植物的感觉与记忆

很多人认为，神经系统是人和动物的专利，只有人和动物才有感觉与记忆。可是科学家们发现，植物与人和动物在很多方面具有同样的功能。

与人和动物不同，植物对外界的嗅觉不是用鼻子，而是用身体的某个器官来感受的。如果说植物有鼻子，那也许指的是叶子，这就是为什么植物很容易被化学物质伤害的原因，特别是叶子。

植物的味觉非常细腻，它们知道自己喜欢“吃”点什么，爱“喝”点什么，这就是为什么有些地方寸草不生，有些地方却树木成林的原因。很多科学家就是利用植物的味觉来寻找矿藏的。例如，金刚石很可能就埋藏在赤杨丛生的地方；银莲花生长的地方很可能有镍矿；不毛之地也许藏有铂矿，因为它与任何植物都水火不相容。

生长在地中海沿岸的喷瓜，感觉特别敏锐，只要有人碰它一下，它就会喷射出一束带有黏液的种子，有时可以喷出10米之遥。

植物的听觉“因人而异”，换句话说，不同的植物对不同频率的声波反应不同。日本科学家发现，西红柿、黄瓜特别爱听日本的“雅乐”，每当音乐响起的时候，这些植物的叶子舒展，叶面电流加快，生长迅速。美国科学家也发现，很多植物喜欢轻音乐，讨厌摇滚乐，有些植物长时间听摇滚乐后会慢慢地死去。

按照一般常识，植物发声是不可

能的。最近，美国加州森林研究所的尼尔逊博士把一棵小松树移至室内，接上计算机测试仪后发现，小松树能发出微弱的超声波，他把这称之为植物“说话”。有些植物缺水时会发出“咔嗒咔嗒”的声音。这种声音有点类似于哺乳动物鲸发出的叫声。

植物的视觉是指植物对光线的感受。如果用感受光线来衡量植物的视力，那么，植物叶面对光线的感受力最强，也就是视力最强。人们在生活中不难发现，植物向阳的一面，枝叶比较多；反之，枝叶较少。

英国科学家培育成功一种神奇的小麦，当它在生长发育过程中遭到细菌、寒冷或干旱等侵害时，叶片会发出淡蓝色的光芒，用以向人“诉苦”。

含羞草具有复杂的神经系统。当你触动含羞草的一片叶子时，其他叶子就会卷合起来。这种反应不是一种简单的化学反应，而是基于电脉冲的一种反应。

1999 年在中国昆明世博会上展出的跳舞草，产于我国西南地区，又被称为风流草，是豆科多年生小灌木，其侧生小叶能进行明显转动，或做 360 度的大回环。

原任美国中央情报局官员的巴克斯特博士，将测谎器中的记录装置应用在植物研究上。图为他正在测试装有电极装置的天竺葵。

科学家还发现，植物的嫩芽里还有引力探测器，能对引力做出反应。当这种引力探测器被割掉后，植物向上生长的能力就会遭到破坏。

美国的测谎器专家巴克斯特有一天突发奇想，在植物叶子上接上了一个测谎器的电极。

为了证明植物具有记忆力，巴克斯特将两棵植物并排放入一间屋内，然后让六个人穿着一样的服装，戴着面罩，从植物前面走过，其中一个人将植物毁坏。之后，再让他们从植物前面走过，当那个毁坏植物的人通过时，记录纸上出现了强烈反应的记录。

植物何以有如此灵敏的神经系统和复杂的反应行为？科学家解释，这是一种名叫茉莉酮酸的化学物质所起的作用。当植物受到外界刺激时产生一种激素，这种激素把植物体内的亚麻酸转化成为茉莉酮酸，这是一种类似动物体内的前列腺素的化学物质，具有止痛和平息情绪的功效。茉莉酮酸挥发出去，还可以作为植物间互相联络的信号。

三、神奇的微生物

微生物的分类

地球几经沧桑演变，地球上的生命也繁荣发展起来。现在地球上生活着200多万种生物，它们形形色色，绚丽多姿，装点着我们的环境。

如果要问：地球上都有哪些生物呢？你一定会如数家珍般地说出许许多多的生物名字来。各种花草树木、鱼虫鸟兽都是生物，就连我们人类自己也是生物界的一员，这些都是显而易见的。也许，有人会认为自然界的生命只有这些了。其实不然，地球上数量最多的恐怕是那些我们用肉眼看不见的、手摸不着的微生物了。微生物可称得上是地球生命中辈儿最大的“老祖宗”，它已经有几十亿年的历史。自从人类在地球上出现，微生物就一直与人类相伴走到今天。

微生物极其微小，因而长期以来，人们虽然几乎时时刻刻同它们打交道，却从来不识其“庐山真面目”。显微镜的发明和使用，为人类揭开微生物王国的奥秘提供了强有力的手段。从列文虎克发明的显微镜能把物体放大200多倍，到现在的电子显微镜能放大几十万倍甚至更多，人类凭借着不断改进的显微镜和其他方法，对微生物的形态和内部结构，还有它们的类别和生命活动等各个方面的认识，都有了长足的进步。

现在，人们已经认识到，绝大多数生物都是由细胞构成的，细胞是生物体的结构和功能的基本单位。如果说，万丈高楼是由一砖一瓦砌成的，那么，细胞就好比生命之砖。

生物细胞可分为两类：一类比较原始，结构简单，没有成形的细胞核，细胞质中也没有线粒体、叶绿体、内质网等复杂的细胞器，这一类细胞称为原核细胞；另一类细胞结构比较复杂，有核膜包围的成形的真正的细胞核，细胞质中有各种类型的细胞器，称为真核细胞。根据细胞的有无以及细胞结构特点的不同，人们把微生物分为三大类：它们是原核细胞型微生物，例如细菌和放线菌；真核细胞型微生物，如真菌；非细胞型微生物，例如病毒等。

微生物个体很小，一般只有用显微镜把它们放大几百倍至几千倍，乃至几十万倍才能看清楚它们。

微生物结构都很简单，往往都是单细胞的，也就是说，一个细胞就是一个独立的生命体了。像无处不在的细菌、主要存在于土壤中的放线菌以及我们平时发面蒸馒头用的酵母菌等，都是单细胞微生物。

而有的微生物如病毒，小得连一个细胞都不是，它们专门生活在活细胞内。一个细胞里可以装下许多个病毒，在普通的光学显微镜下根本看不到病毒，只有在电子显微镜下把它们放大几万倍甚至几百万倍才能看清。

还有一些微生物的结构和生活介于细菌和病毒之间，它们有了类似细胞的结构，但是比细菌更简单，像病毒一样，也不能独立生活，必须寄生在活

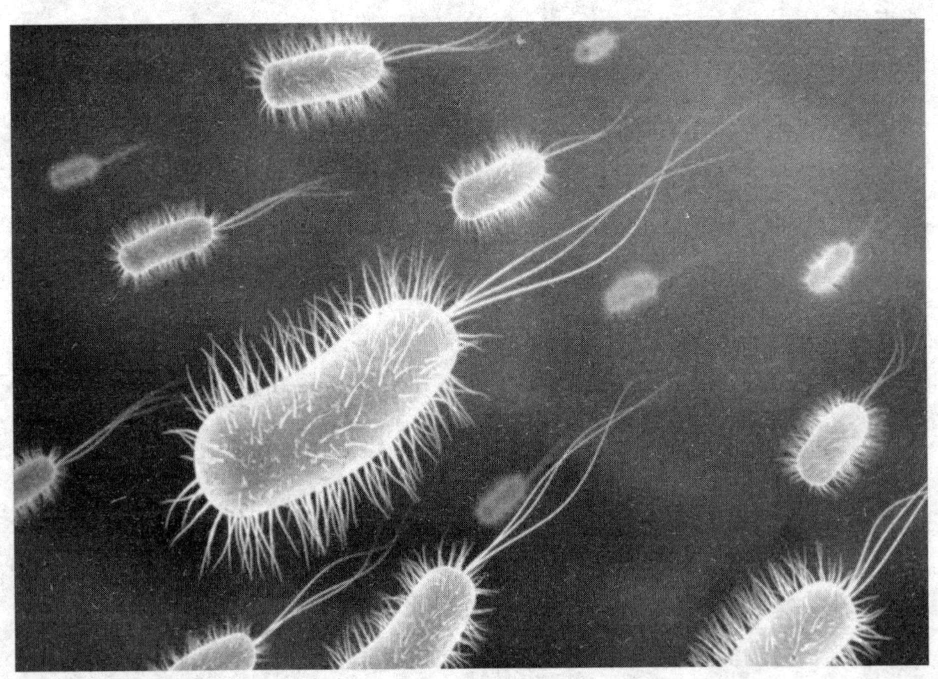

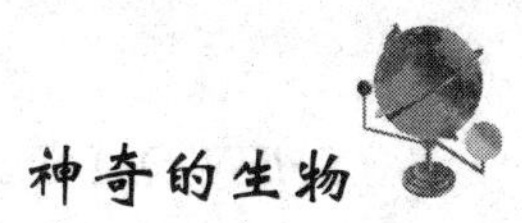

细胞内，如引起流行性斑疹伤寒的立克次氏体，引起人体原生性非典型肺炎的支原体，引起沙眼的衣原体等。

在微生物王国里，真菌属于真核细胞型微生物，它们的结构要比细菌、放线菌复杂一些。除了酵母菌是单细胞的以外，绝大多数真菌都是由许多细胞构成的。真菌细胞的结构也与高等植物细胞相差无几。在夏天里，如果食品放久了或衣物管理不当，就会长毛发霉，这是最常见的真菌，叫做霉菌。当然，在微生物的“小人国”里也有“巨人”，我们用肉眼就可以看到，如餐桌上常见的蘑菇、木耳、银耳、猴头等大型食用真菌。

地球上的微生物种类成千上万，它们无处不在，无所不能。可以说，我们每时每刻都在与微生物打着交道，甚至在我们的皮肤上、骨头和肠道里也有大量微生物的存在。

微生物既是人类的朋友，又是人类的敌人。它们所做的好事和坏事可以使我们感觉到它们的存在。比如，你如果经常不洗手、吃没有洗干净的水果，就容易得痢疾；不随天气变化及时增减衣服易得感冒；家里买的肉食、蔬菜保管不好会腐烂变质，这都是微生物在作怪。而你每天吃的馒头、面包、酱油、醋，以及过年时餐桌上摆的酒等，这些好吃的东西，都是微生物帮我们制造的。如果没有微生物，我们就无法吃到这些东西，也就无法品尝到酸奶、果奶等饮料。

腐败细胞引起食物腐烂变质，我们不喜欢它，但从长远观点看，人类是离不开它们的，大自然也离不开它们。地球上每时每刻都有大量的生物死亡，如果没有这些腐败细菌的分解作用，用不了多久，地球上的动物尸体、植物的枯枝落叶就会堆积如山，生态系统的物质循环也就无法继续进行，人类也将无法生存，整个生态系统也就崩溃了。

我们要很好地研究微生物，控制和消灭有害微生物，充分利用有益微生物，让它们更好地为人类服务。

绚丽多姿的霉菌

微生物世界中色彩最艳丽的是霉菌，人们最早认识和利用的微生物也是霉菌。2000 年前我国古代用于制酱的曲霉，制作腐乳和豆豉的毛霉，以及日常制作甜酒的根霉，都是霉菌。人们最早发现和应用的抗生素——青霉素，就是由霉菌中的青霉产生的。霉菌很容易在含糖的东西上生长，大家都有过这样的经历，比如面包和水果，没放两天就长绿毛，夏天炎热潮湿，连家具上也毛绒绒一片，霉味冲天，更不用说农民伯伯粮仓中的粮食了。有资料表明，全世界由手霉变而白白浪费的谷物约占总量的2%，这是多么大的损失呀!

那么就让我们看看霉菌到底是什么呢？霉菌属于真核微生物，是丝状真菌的统称，由分枝或不分枝的菌丝组成。大多数霉菌菌丝中含有隔膜，把菌丝分隔成多个单核细胞，隔膜中有小孔连接相邻的细胞，这种菌丝叫有隔菌丝；另一些霉菌菌丝中没有隔膜，整个菌丝表现为连续的多核单细胞，这种茵丝叫无隔菌丝。菌丝的生长是通过末端伸长而进行的，菌丝生长相互缠绕形成绒毛状、絮状或蜘蛛网状菌落，比细菌和放线菌菌落大几十倍。

霉菌是怎么传宗接代的呢？它的高招是产生孢子。夏天酱油表面常常长出一层白毛，这是一种叫白地霉的霉菌。它的菌丝产生横隔膜，并在横隔膜处断裂而形成一串像糖葫芦一样的孢子，叫节孢子；用来制作美味的豆豉和腐乳的毛霉。当发育到一定阶段时，顶端的细胞膨大形成一个囊状结构，叫孢囊，内部产生许多孢子，我们称它为孢囊孢子。引起谷物和花生发霉的曲霉，则是将菌丝顶端膨大形成球形的顶囊，顶囊的表面长出许多辐射状的小梗，小梗的顶端长出成串的孢子，我们称它为分生孢子。所有这些孢子都会在合适的条件下萌发而形成新的霉菌，使它们繁衍不息。由于这些孢子的形成过程中没有发生两性细胞的结合，所以属于无性繁殖，这些孢子统称为无性孢子。

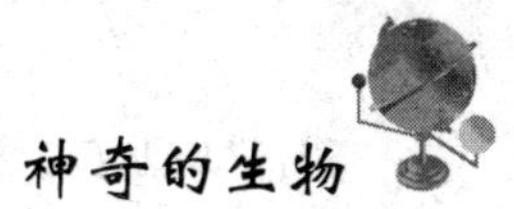

经过两个性细胞的结合而产生新个体的过程为有性繁殖，经过细胞质和细胞核的融合，减数分裂形成有性孢子。霉菌的有性繁殖不及无性繁殖那么经常与普遍，往往在自然条件下发生，在一般培养基上不常出现。其繁殖方式因菌种不同也有不同，有的霉菌两条异性菌丝就可以直接结合，有的则由菌丝分化形成特殊的性器官，并形成有性孢子。

让我们看一看真菌的孢子的特点吧，它们具有小、轻、干、多以及形态色泽各异、休眠期长和抗异性强等特点，这有助于它们在自然界随处散播。孢子的这些特点有利于接种、扩大培养、菌种选育及保藏等工作，但易造成污染、霉变和传播动植物的真菌病害。

谈到这里，细心的朋友可能会想起前面我们曾经谈到细菌的芽孢，它们跟真菌的孢子有什么不同吗？真让你问着了，尽管它们都有休眠期长、抗逆性强等特点，但却是两类不同性质的结构。首先，真菌的孢子是真菌的重要繁殖方式，而细菌的芽孢是抗性结构；其次，真菌的一条菌丝或一个细胞可以产生多个孢子，而一个细菌细胞只能产生一个芽孢；真菌的孢子可在细胞内或细胞外产生，而细菌的芽孢只能在细胞内产生；细菌芽孢抗热性远远强于真菌的孢子；真菌的孢子形态色泽多样，相比之下，细菌芽孢形态极为简单。

霉菌能产生多种毒素，而其中毒素最强的当属黄曲霉菌产生的黄曲霉毒素，黄曲霉毒素可以致癌，而产黄曲霉毒素的温床则是发霉的花生和谷物！有些毒素尚未发现是否致癌，但曾多次酿成严重事件，如日本的黄变米中毒，英国的火鸡X病等，所有这些都在提醒我们在利用霉菌时，一定要透彻了解其方方面面，以免引狼入室！

霉菌家族非常庞大，我们在这里为大家介绍几种与人类关系密切相关而又常见的霉菌。毛霉可以产蛋白酶、淀粉酶等，可用于制作美味的豆腐乳和豆豉，是有名的调味大师；根霉的淀粉酶活力非常强，工业生产上的糖化作用就是由它来完成的；青霉能产生青霉素，这是人类发现和利用的第一个抗生素，现在它仍在兢兢业业地为我们服务；白僵菌是著名的昆虫病原真菌，可以产生毒素和抗生素，因为昆虫幼虫感染此菌会遍体生白毛，僵硬而死，因而得名白僵菌，它已成为真菌中治虫效果最好的农药之一；曲霉可以产生多种酶制剂及抗生素，还能生产柠檬酸等多种有机酸，在工业上用途极为广泛。

微生物世界中的少数民族

以上我们一一介绍了微生物世界里的主要成员——细菌、放线菌、酵母菌、霉菌、病毒，除此以外还有许多其他成员与我们人类关系密切，下面再对它们做一下简单介绍。

有一类微生物与细菌很相像，个子稍小，结构与细菌类似，但生活习惯与细菌大不相同，它们专门生活在活细胞中，在活细胞中要吃要喝，是典型的寄生虫。与这个生活习惯相适应，它们的细胞膜较疏松，物质进出较自由，尽管方便了取食，但它们注定离开寄主就无法生存。这时候你肯定会想，如此一来，一旦寄主死去，它们岂不就断子绝孙了吗？不用担心，它们狡猾得很，早为自己找好了退路，它们可以通过蚤蜱螨等吸血昆虫作跳板，先在蚤等胃肠道上皮细胞中增殖并大量存在其粪便中。人一受到叮咬，抓痒痒时，它们就随着粪便从抓破的伤口或直接从昆虫下嘴处进入人的血液并在其中繁殖，流行性斑疹伤寒、恙虫热等都是因此引起的。当蚤等又叮咬病人吸血时，它们就从人血中到达虫体内繁殖，如此循环往复，以至无穷。由于这类微生物最早是于1910年由一位名叫立克次（Riketts）的美国医生发现的，他在研究中不幸感染去世，为纪念他就将这类微生物命名为立克次氏体。

你知道世界上能独立生存的最小生物是什么吗？是支原体。这类原核微生物没有细胞壁，细胞膜柔软，能透过细菌滤膜（这种滤膜可以截留住细菌），而且外形多变，是著名的易形高手。支原体能引起人和畜禽呼吸道、肺、尿道以及生殖系统的炎症，它们还是组织培养的污染菌，并能引起植物患黄化病、矮缩病等。

如果你不幸患了沙眼，眼睛又痒又痛，难以忍受时，知道是哪种小东西

在作祟吗？这是又一类原核微生物——衣原体，它比立克次氏体小，但比病毒大，这是又一类典型的寄生虫，必须在活细胞中才能生存，而且比立克次氏体能耐还大，不需要昆虫媒介，直接就能侵入宿主细胞。引起沙眼病的是沙眼衣原体，它侵染人眼的结膜和角膜，引起颗粒性结膜炎和角膜炎，而且可随泪腺分泌物传染给别人。如和患者共用一条毛巾就极易染上沙眼病，所以我们平时就应该养成良好的卫生习惯，注意用眼卫生，不给衣原体可乘之机。

还有一类外形像弹簧一样的原核微生物，人们形象地称之为螺旋体。其细胞细长，柔软易弯曲，没有鞭毛，能像蛇一样扭动前进。螺旋体的细胞除有细胞壁、细胞质和核区等一般结构外，还有自己特殊的结构：轴丝和外鞘。轴丝的超微结构化学组成及着生方式极像细菌的鞭毛，螺旋体正是靠轴丝的旋转或收缩进行运动。不知大家是否记得在细菌中曾提到螺菌。螺旋菌不等同于螺菌，它不是细菌。螺旋体给人们带来的疾病有梅毒等。

单细胞细菌

细菌是大家比较熟悉的名字，因为有很多疾病是它们引起的。但是，细菌也并不都是坏的。大多数细菌是和人类和平共处的，也有许多细菌对人类不仅无害而且有益，能给人类带来很大好处。比如：人们利用它来制作各种抗生素药物，制造食用味精，制作使庄稼增产的细菌肥料，生产沼气，冶炼金属，以及借助它来净化污水等等。

细菌是微生物世界里的一个大家族。但是从其身材来看却又是个细小的类群。我们用肉眼看不见它们，把5000个细菌连接起来也不过只有大米粒那么长。

在显微镜下，我们可以看清楚各种形态各异的细菌：如引起脑膜炎病的脑膜炎双球菌，是两个成双成对地连在一起的球菌；如引起伤口发炎化脓的葡萄球菌，是像葡萄串一样串连在一起的球菌；又如引起人们患猩红热、扁桃腺炎的链球菌，则是像根链子似的联在一起的球菌；还有一种常被人们用来作为药物抗菌试验的试验菌，叫四联球菌或八叠球菌，它们是四个四个或八个八个连在一起的球菌。

像杆子一样的细菌，我们叫作杆菌。同是杆菌，它们的长相也各不相同：有的笔直，有的稍稍带弯；有的瘦长，有的比较短、粗；有的末端呈圆形，有的末端呈方形。结核杆菌和痢疾杆菌就都属于这种类型。

还有的细菌是弯曲的，我们称它为弧菌。弧菌中，菌体转着圈儿长得像螺丝一样的叫螺菌，如使人患霍乱病的霍乱弧菌。

细菌的细胞外面包着一层坚韧而有弹性的细胞壁，细菌就靠它来保护自己的。细胞壁内部还有一层柔韧的薄膜，叫细胞膜，它是食物和废物进出细

胞的“门户”。细胞膜里充满了叫做细胞质的黏稠胶液，其中含有各种颗粒和贮藏物质。有的细胞有细胞核，不过细胞核与细胞质分化程度很差，没有核膜，所以人们叫它原核，不是真正的核。

在显微镜下，我们可以看到许多细菌会游动。这是由于许多细菌身上都长有一根甚至几十根柔韧而有弹性的鞭毛，有的长在菌体的一端，有的丛生在两头，还有的周身都有，这些纤细的鞭毛舞动起来时，就会使细菌在液体里游动。有的细菌游动得还很快。像霍乱弧菌，就能在短短一秒钟时间里游过相当于它自身长度的25倍的距离。假如人也有它这样的本领的话，一个身高1.8米的游泳运动员，只要两秒多一点的时间，就能游完100米。

有的致病细菌在细胞壁外包有一层叫做荚膜的厚厚的粘质层，这种致病菌在侵入人体后就像有盔甲保护一样，使白血球无法吃掉它，从而使人生病。还有的细菌在菌体的一端或中间生有圆形、椭圆形的芽孢，这种芽孢不但可以进行繁殖，还可以抗御热、干燥、营养缺乏等不利环境的影响，所以对人类很不利。譬如破伤风杆菌的芽孢长在菌体的一端，像根小棍，比菌体还大。它脱离菌体以后，在干燥的条件下能存活十几年。又如导致牛羊患炭疽病的杆菌的芽孢，活很长时间以后仍能发芽长成新的孢体，继续侵害牲畜。

细菌主要靠分裂繁殖，也就是说它不断地一分为二，二分为四……所以细菌被分类学家称为裂殖菌类。细菌分裂繁殖的速度很高。例如大肠杆菌在18~20分钟内就分裂一次，如果条件合适，它在一天24小时内就能繁殖七八十代，从一个繁殖成10^{23}个（即10万亿后面还要加10个零那么多）。

细菌分布极广，几乎分布在地球的各个角落，在空气中、水中、土壤中、生物体的内外和一切物体的表面。这与它们体积微小、易于散布、繁殖迅速、营养类型多、适应能力强密切相关。在寒冷的地方，分布着嗜冷性杆菌；在酷热的场所，多分布嗜热性细菌；在无氧环境下，多分布着厌氧的细菌。

细菌这个不合群的家伙是最小的细胞生物。20世纪50年代以前，人们对它的结构和组成知之甚少，由于电子显微镜的使用和生物技术的发展，人们对细菌的了解才更加深了一步。

田园奇才

土为什么这么肥沃？土里到底有些什么东西？

土为什么会散发出泥土的芬芳？

如果泥土中的生命会说话，它一定会告诉你：土壤里有土壤颗粒、水、盐、矿物质。一粒土壤便可以称为一个微生物世界，每克肥沃的土壤就含有几亿或数十亿的微生物！其中，使泥土具有泥腥气味的正是一类比细菌高级一点的微生物——放线菌。

“放线菌”的确是“菌”如其名，它仿佛是许多线丝乱七八糟地扯在一起形成的。别看有这么多条线丝，实际上它只是一个细胞。有人形容它为微生物世界的菊花，这些线丝就是它伸展开来的“花瓣”。实际上，这种比喻并不科学。一朵盛开的菊花并不是一朵花，它是由许许多多小的舌状花、筒状花组成的花序。与此相反，纷乱的菌丝组成的放线菌只是一个单细胞。

放线菌的生长比细菌慢，但它的个子要比细菌长得多。单细胞的个体向周围伸展出菌丝体，而且有分枝，分枝而成的细丝就叫做菌丝。

如果我们把放线菌放在固体培养基上培养，这一个细胞可以长出类似枝条和根的东西。伸展在半空中的枝条叫做气生菌丝。在气生菌丝顶端能产生各种形状孢子的叫做孢子丝。放线菌的孢子丝长得多种多样，有的是直链状，有的是波浪状，有的弯曲成螺旋一样。孢子丝的形态是放线菌的特征，可以帮助我们识别不同的放线菌菌种。孢子是由孢子丝横断分裂或原生质凝聚而成，就像一串佛珠。它有很厚的孢子壁，如同植物种子的硬壳，能保护孢子不受外界恶劣条件的伤害。放线菌的种类不同，孢子的形状和颜色也不一样。有的孢子是球形，有的像枣；有的表面光滑，有的表面粗糙，有的还有小刺

或鞭毛。

孢子是放线菌传种接代的工具，离开菌体的孢子能长时间不死，当遇到适宜条件就发芽形成新的菌丝体。

将放线菌产生的大量的成熟孢子采集下来，装在既无营养又无水分的带有砂土的小玻璃管中，放入冰箱，这些孢子就能很安然地在这个“小仓库”中保存很长的一段时间。

除了有伸到空中的气生菌丝外，还有类似根一样伸入培养基专门吸收营养的营养菌丝。这些营养菌丝仿佛是深深地扎入土壤中的树根，使菌落长得很牢固。

放线菌常以孢子或菌丝状态广泛地存在于自然界。不论数量还是种类，以土壤中最多。据测定，每克土壤中含有数万乃至数百万个孢子，放线菌产生的代谢产物往往使土壤具有特殊的泥腥味。

看来，土壤不仅给我们带来了人类赖以生存的粮食和蔬菜，也孕育了这株微生物世界的奇葩——放线菌。

链霉素、氯霉素、土霉素……这些是我们在医院中常常见到的抗生素，你知道，它们是由谁生产制造出来的吗？

这些能化险为夷、功不可没的抗生素正是由放线菌产生出来的。据统计，目前全世界使用的抗生素药品约有80%来自于放线菌。我们熟悉的链霉素是由一种叫灰色链丝菌的放线菌产生的，它对肺结核病非常有效。在福建省土壤中找到的龟裂链丝菌，它能产生巴龙霉素，是治疗阿米巴痢疾和肠炎的特效药。从山东济南土壤中找到一种放线菌产生创新霉素，它最适宜治疗大肠杆菌引起的各种感染。对烧伤病人防止致病菌感染的有小单孢菌产生的庆大霉素和由小金色放线菌产生的春雷霉素。由龟裂链丝菌产生的金霉素和四环素、委内瑞拉链丝菌产生的氯霉素以及许多链丝菌都能产生的新霉素可以用来治疗多种疾病。因为这些抗生素能抑制许多致病菌，所以又有广谱抗菌素之称。由红链丝菌产生的红霉素和在贵州土壤中分离的一种放线菌产生的万古霉素常常用来治疗其他抗生素医治无效的疾病。由放线菌产生的克念菌素、制霉菌素能抑制致病的真菌。此外，放线菌产生的抗癌抗生素也已经应用于临床。

在放线菌的研究中，人们经常思考着这样一个问题：它们为什么会产生多种多样的抗生素呢？有人认为这是放线菌为了保护自身的生存，用来对付其他生物的一种武器；也有人认为抗生素是菌体新陈代谢过程中的解毒产物；或者它只是毫无用处的排泄废物；还有人认为抗生素是细胞中的储藏物质，以备必要时用。究竟谁是谁非，现在还无法断定。

不过，人们已经发现了在放线菌的细胞中，有一种叫质粒的结构与抗生素的产生有密切关系。因此，不少人认为，各种抗生素的产生是由自然界中存在的各种质粒决定的。质粒最早是50年代初期在大肠杆菌中发现的，它能够决定细菌的“性别”。后来，人们发现它的作用不仅在于此，它与痢疾杆菌的抗药性有关，与大肠杆菌产生的一种毒素也有关系。到了60年代，人们又发现质粒决定着放线菌抗生素的产生。如果我们设法把质粒从细胞中除去，那么，痢疾杆菌就会失去抗药性，大肠杆菌不再分泌毒素，放线菌也不产生抗生素了。

质粒是染色体外的遗传因素，它可以进行自我复制，能代代相传，并控制着细胞的一些特性。质粒还有一种特有的性格，它不像其他的一些细胞结构那样安心在一个岗位上工作，它经常跳槽。当两个细胞接触时，它可以从一个细胞跳到另一个细胞中去，也可以被噬菌体带着“走亲戚”。质粒转移到新的细胞，可以使新的细胞具有质粒所控制的特性。如果能将产生抗生素的质粒转移，不仅可以使原来不会产生抗生素的微生物产生抗生素，而且还可以人工制造出能生产几种抗生素的新的微生物来。

在抗生素出现之前，磺胺药剂有一个短暂的全盛时期，但由于菌体对磺胺产生了耐药性，而且，这种耐药性不仅能够遗传，而且还具有广谱性。抗生素一经发现和应用后，很快取代了磺胺药。随着科学的不断发展，药物也在不断地推陈出新。

抗生素能治疗疾病，但具体的某种抗生素到底能治疗哪种疾病呢？这就

需要进行抑菌试验，测定抗生素的抗菌谱。这项工作的大致过程是这样的：先把抗生素涂抹在供致病菌生长的固体培养基上，然后分别接种上各种活的致病菌，在一定条件下经过一段时间培养，观察致病菌类的生长繁殖情况，推断出这种抗生素对哪些致病菌有抑制作用，再通过其他方法配合考察、研究，便能确定这种抗生素是否可以用来治疗这种致病菌所引起的疾病。

抗生素的使用给人类的健康提供了保障，但是，如果剂量使用不当，就会给人类带来这样或那样的麻烦。剂量不足，不但达不到杀菌目的，反而会使致病菌产生耐药性；剂量过大又会对人体产生副作用，甚至威胁生命。有时，即使是在正常剂量范围内，也会使有些人产生可怕的过敏反应，若抢救不及时，还会导致死亡。在注射青霉素时，必须先做“皮试”，就是为了避免过敏反应。

据报载，一位女士由于害怕疼痛，注射青霉素时央求该医生免去皮试，并声称自己以前做过皮试，无任何过敏反应。因是熟人，医生勉强同意。不料，注射后，该女士突然出现一系列过敏反应，虽经及时抢救，但仍旧一命呜呼，唉！为了免去一疼，竟然连性命都丢掉了。

庆大霉素、链霉素、妥布霉素和卡那霉素等都属于氨基糖苷类抗生素。其抗菌谱主要针对革兰氏阴性杆菌，常用于感染性腹泻，如急性肠炎、急性菌痢等。尤其是庆大霉素，因其价格低廉，疗效好，临床应用范围之广可与青霉素媲美。

但是，这类抗生素的毒副作用也很可怕，它能导致耳聋、肾毒性造成的肾功能衰竭。所以，使用此类抗生素，一定要在医生的监护下进行，如果有可能，在血药浓度监测下用药，这样，就可以避免一失足成千古恨的事件发生。

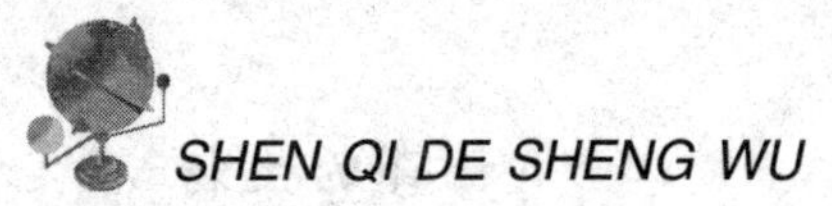

真菌家族

真菌在微生物世界中可以称得上是个“巨人”家族。真菌的个头较大，除少数单细胞真菌需要靠显微镜才能看到外，大部分真菌用肉眼就能看得到。这个“巨人”家族里的成员，现在知道的有五万多种，其中的许多成员对我们说来都是很熟悉的。例如，在潮湿的大气里，家具、衣服上常常发现长了霉，我们做酱、豆豉用的曲霉菌和毛霉菌，发面、酿制啤酒用的酵母菌等等，都是真菌。就连人们爱吃的蘑菇、木耳，也都是真菌大家族的成员。

这些大大小小的真菌，和前面已经说到的细菌、放线菌又有什么区别呢？它们之间的主要区别就在于：真菌的构造和繁殖的方式比细菌和放线菌要高级和复杂得多。首先，真菌大多不像细菌和放线菌那样只是一个单

细胞，而是由多细胞组成的。其次，它们的细胞核分化很明显，而且有核膜，也就是说，它有真正的细胞核。再次，在繁殖方式上，真菌不但能进行分裂繁殖，还能通过有“性别”分化的孢子彼此结合进行有性繁殖。我们日常如果细心观察，就会知道霉菌一生的经历。例如，一块发霉的馒头先是长出了细毛（我们叫它菌丝体），开始是密密麻麻的白丝或灰丝，过几天用放大镜观察，可以看到菌丝顶端慢慢长出了一个小颗粒，再过几天，那些小颗粒又变成了黑色的孢子囊。接着，孢子囊就破裂开来，里面的孢子就向外到处飞散，最后，馒头上就只剩下像黑色粉末样的孢子了。孢子再萌发，就又长出新的菌丝体来。这就是一种叫做黑根霉的生活史。

我国在认识和利用真菌方面有着悠久的历史。根据历史文献记载，早在两千多年以前，蘑菇、木耳等真菌已成为我国人民所喜爱的食品，茯苓、灵芝也早已成为广泛应用的重要的药材。在距今一千三百多年前的唐朝，就有了关于栽培食用菌的记载；而根据日本江户时代的《温故斋王端编》（成书于1790年）的记载，日本的香菇栽培技术就是从中国流传过去的。草菇栽培技术也是早些年经华侨先带到了当时的马来亚，后又在东南亚和北非一带广泛传播开来的。结果，草菇成了热带和亚热带地区备受人们钟爱的蔬菜品种，在国外获得了“中国菇”的美称。这些都是我国人民对食用菌栽培技术所作的巨大贡献。

生物导弹

病毒，看到它的名字就觉得挺吓人，既是“病”又是“毒”的，肯定是一心一意制造疾病的家伙。

的确，只要有生命的地方，病毒就会进行侵略，它在活细胞中就像一个夺权篡位的“假君主”，将宿主的基因赶到一边，随心所欲地掌管了细胞甚至整个宿主有机体的生死大权。

入侵到动物细胞内的叫做动物病毒，它进入细胞是利用细胞的吞噬作用，随后它会潜伏一段时间，待到周围的警戒解除以后，便开始增殖。被病毒侵染的细胞一般不进行再分裂，它们持续地释放出病毒颗粒。动物病毒能引起人和动物的许多疾病，狂犬病就是其中的一种，人被疯狗咬了以后，病毒就会随着疯狗的唾液由伤口侵入人体，它危害人的神经系统，使人患上狂犬病，得病者的死亡率几乎是百分之百。

植物病毒引起植物的病害，例如前面我们曾提到的烟草花叶病毒，它严重影响烟草的产量，烟农对它恨之入骨。然而，花农却对植物病毒感激涕零。荷兰的郁金香是一种美丽的鲜花，但它有一个缺陷：它的花瓣是纯色的，这无疑是绚丽的自然界的缺憾。一天，一位有心的花农发现一朵郁金香的花瓣上竟然出现了彩色的斑纹，如果把这朵花的浆汁涂在另一朵上，那朵花也必然形成杂色花。这一发现使那位花农成为当时唯一一位能种植杂色郁金香的人。但是，不久以后，这一秘密很快被人们发现。以后的研究表明，使纯色郁金香变为争妍斗艳的杂色郁金香的不是别的，正是植物病毒。

所谓“山外青山楼外楼”，细菌是入侵他物的行家里手，却不知螳螂捕蝉，黄雀在后，细菌的背后，立着它的天敌——噬菌体。

噬菌体是 1915 年被发现的。它们像其他的病毒一样能通过细菌滤器。它们的外形像个蝌蚪，头部为圆形或多角形，后面是管状的尾部，末梢还有6根尾丝。在侵染细菌细胞时，尾丝先抓住细菌的细胞壁，分泌一种酶，把细菌的细胞壁溶解，形成一个洞，然后，尾鞘穿到细胞中，像注射器一样把头部的核酸注入菌体。这些核酸进人细菌的细胞后，俨然变成了细胞中的“国王”。它命令细胞停止原来的物质合成，转而制造噬菌体后代所需要的物质。最后，它还导致细菌的细胞壁破裂，释放出新的噬菌体。从开始人侵到最后宿主细胞“国破家亡”，噬菌体带着“菌子”“菌孙”们开辟新的殖民地，一般只需要20分钟的时间。在一个菌体的细胞内就能复制出约150个噬菌体。通常把这种噬菌体叫做烈性噬菌体，被烈性噬菌体破坏、溶解的微生物叫做敏感菌。

不仅细菌害怕病毒，放线菌、霉菌与其他微生物也是谈“病毒”色变，望“病毒”而逃。

有一些噬菌体性情比较温和，侵入菌体以后，并不马上进行繁殖，它只和细胞的遗传物质紧密结合，并随着菌体的繁殖带到新一代的细胞中去。这类性情温和的噬菌体就叫做温和噬菌体。

病毒给我们带来了很多危害，单是侵染皮肤而引起的疾病就有水痘、天花、麻疹等；引起神经组织的疾病有狂犬病、脑膜炎和小儿麻痹症；还有最常见的流行性感冒、病毒性肝炎这类引起内部器官病变的疾病；它还能引起农副产品的减产，带来严重的经济损失。

也不是所有的病毒都能引起疾病，对于不造成疾病的病毒又有孤儿病毒之称。有的两种病毒形影不离，常常寄生于一个细胞之中，我们称之为卫星病毒。

同时，病毒的存在也给人类带来了很多益处。在医治烧伤病人的时候，最担心的是烧伤面被绿脓杆菌感染，给治疗造成困难。如果用绿脓杆菌的噬菌体来预防（因为它们能溶解杀死绿脓杆菌），就可以防患于未然。在农田管理中，农民最害怕的是害虫，为了杀灭它们，农民使用了大量的农药，但是大量的农药在杀死害虫的同时，还杀死了大量的益虫，而且农药的性质稳定，不易分解，它们在土壤、水、生物体内积累贮存，并相互转移，形成环境污染。

随着科学技术的发展，近几年来，农药被“生物导弹”所逐渐取代，这些生物导弹就是入侵害虫的细菌、病毒等等。

奇妙的“指北针”

有一种微生物，在北半球它总是朝向地磁南极方向移动，而在南半球它又朝着地磁北极移动，这仿佛是“指北针”的东西到底是什么呢?

它就是1975年美国新罕布什尔大学的生物学家布莱克莫尔首次发现的磁性细菌。磁性细菌是一种厌氧菌，为了尽可能到达地下缺氧的环境中，它采取了沿着磁力线移动的方式。原来，地球的磁力线只是在赤道地区才与地面平行。随着纬度的升高；磁力线的倾斜度也增大，因而，在地球两极的磁力线便与地面垂直。这也就是说，在高纬度的南北半球上，沿磁力线运动就意味着从上向下的移动。由此可见，这种趋磁性正是磁性细菌生存所需要的。

磁性细菌为什么能感知地磁呢? 研究表明，磁性细菌之所以有如此特异功能并能沿着磁力线移动，是因为在菌体内含有10~20个自己合成的磁性超微粒。这种微粒的大小为500埃~1000埃（1埃 = 10^{-8}厘米）。每个颗粒都有相同的结晶构造。迄今为止，无论采用哪种高技术都不能制造出这样的结晶体。如果用人工方法合成500埃~1000埃的磁性微粒，需要采取一系列的复杂工程，例如在真空状况下熔炼金属，再进行蒸发等等。不仅如此，人工制作的磁性超微粒的形状和大小是不均一的，而磁性细菌只需要在常温、常压下就能简单地合成。为此，磁性细菌因生产简便和利用价值高，正受到国际科学和工业界极大的瞩目。

根据磁性细菌会沿着磁力线方向移动的性质，日本东京农工大学的松永是助教授制作了磁性细菌捕获器，这种装置含有采用磁铁的特殊过滤器，把它放人水中就能捕捉到磁性细菌。将捕获后的磁性细菌进行培养和繁殖后进行了一系列研究。只解决摆在人们眼前的问题，首当其冲的问题是，磁性微

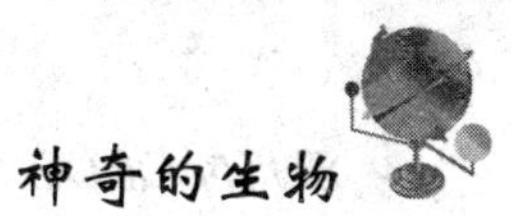

粒到底是什么？其次是我们该如何利用磁性细菌？

科学家们通过各种实验一一解答了这些问题。他们将培养后的磁性细菌的菌体破坏，利用菌体和磁性超微粒之间存在着的比重差，通过离心器进行分离，抽取出磁性超微粒。用 X 射线对这种微粒进行解析后证明：它们确实是四氧化三铁，其大小约为 500 埃～1000 埃。

最初利用磁性细菌进行的试验是把葡萄糖氧化酶固定于磁性微粒上。结果表明，1 微克（10^{-6}克）的磁性超微粒可以固定 200 微克的葡萄糖氧化酶。而同量的人造锌—铁氧体磁性超微粒（5000 埃），只能固定 1 微克的葡萄糖氧化酶，两者相差 200 倍，并且固定于天然磁性超微粒的酶的活性也提高了 40 倍。此外，抗大肠杆菌抗体固定于磁性微粒的试验也获得了成功。令人欣喜的是，试验还证实，使用过的微粒能够被再次利用。

随后，松永是助等人把磁性细菌的超微粒导入了绵羊的红血球内。结果人们看到，磁性超微粒融合得好像是被红血球“吸收进去”似的。当研究者在这种红血球上转动磁铁时，血球也随之一起运动。与此同时，人工方法制造的磁性微粒不均匀，要把它们导入血球内很困难，而且即使把人造微粒送入细胞内，人们也会担心细胞被毒化。而磁性细菌的超微粒恰恰不会有毒害。为此，科学家们对于在医学方面应用生物合成的磁性微粒寄予了很大的期望。科学家认为，如果把酶抗体和抗癌药物等固定于这种超微粒上，再使其导入白血球和免疫细胞内，随后从体外进行磁性诱导，那么这将在制伏癌症和其他疾病中发挥出巨大的作用。

另一方面，如果把这种具有均一的结晶构造的微粒，用作高性能的磁性记录材料，则其记录容量比目前使用的人造材料高出几十倍。为此，科学家正力图从遗传学上，弄清楚磁性细菌合成磁性超微粒的机理，以便能够利用大肠杆菌进行大规模生产，从而使得磁性记录材料的质量获得飞跃。

超级微生物

电影中的“超人”，具有异乎寻常的胆识和能力，但那纯属虚构；而现实中的“超级微生物”则活生生地生活在地球上。所谓“超级微生物”是指能在特殊环境下生存的，具有超能力的生命体。研究它们，对于人类的生活意义重大。

一般微生物很难在高压下生存。但喜压微生物在1个大气压下不能生存，只在高压下才能生存。这种微生物可在3800米以下的深海中生活，这一环境处于高水压和低温状态。由于技术上存在一些问题，目前人类尚无法分离喜压微生物。但研究人员认为，未来深海微生物和宇宙微生物将会成为喜压微生物的来源。

一般微生物受到10万拉德~15万拉德放射线的照射，就会死亡。但是，有一种微生物即使在100万拉德~200万拉德放射线照射下，也能生存。这种抗放射线照射的微生物已引起研究人员的关注。目前，许多国家都在研制用于食品和医疗器械等方面的放射线杀菌。在迄今已发现的微生物中，最高的可耐500万拉德放射线照射。

一般说来，微生物总是在有机物比较丰富的地方繁殖。但有一类微生物却可在营养贫乏的环境中生存。这类微生物可在一般微生物无法繁殖的，高倍率稀释的培养基中，即有机碳浓度为$10^{-4}\%$的环境中繁殖。大多数低营养微生物属于假单胞菌，可有效地利用空气中挥发的有机物。日本的研究人员通过实验发现，低营养微生物在除去有机物的再蒸馏水中，可稳定地繁殖，而且可以传宗接代。

腌制的鱼为什么会在高盐状态下仍然被微生物所侵蚀呢？这与“甚喜盐

微生物”有关，它可以在饱和食盐水中生活。人类把它们同甲烷微生物及喜酸喜热微生物一起列入了古代微生物中。一般来说，从海水中可以分离出低度喜盐微生物，在盐液食品中可以分离出中度喜盐微生物。高度喜盐微生物大都是从盐田和盐湖中分离出来的。高度喜盐微生物为了生存，要求有特殊的氯化钠，在3M（分子量）以上的食盐培养基中能良好生育，而且不能用其他盐类代替氯化钠，一旦让喜盐微生物脱离食盐，它们便溶化、死去。

微生物世界真是“不看不知道，一看吓一跳”，不仅有甚喜盐微生物，而且还有喜酸、喜碱微生物。

微生物一般是在中性PH值的环境中生活的，但也有在偏重碱性和偏重酸性环境中生活。目前，已从pH值为4以上的土壤中分离出喜碱微生物。喜碱微生物具有许多有趣的特征，它能使生活环境变成适合自身需要的pH值状态。如果让喜碱微生物在pH值为12左右的环境中生活数日，培养基会逐渐变成pH值为9左右。若让同样的微生物在pH值为7.5左右的环境中生活，尽管最初它的繁殖很缓慢，但随着pH值逐渐提高到8.5以上，其繁殖便开始加速，达到pH值为9左右时，繁殖停止。

自然界中有一种对酸非常嗜好的微生物。这类微生物可以在pH值为1的强酸环境中生存。在喜酸微生物中，还有许多微生物同时具有喜热性，它们可以在酸性温泉中生活。日本的研究人员从东北地区的酸性温泉中分离出一种既喜酸，又喜热的微生物，这种微生物可在pH值为2～5的范围内，温度70℃的环境中生存。此外。日本的研究人员还发现了一种在酸性更强，而且温度必须达75℃以上的环境中生存的微生物，这种微生物的形态很奇特，细胞膜呈六角形的镶嵌结构。

除此之外，自然界中还有很多形形色色的超级微生物展现着无穷的奥秘，如果能将这些超级微生物研究透彻，那么，我们就有可能利用它们的“超级”的特殊性生产出新的物质、新的产品。

火眼金睛识真菌

食用菌是一类营养丰富、味美可口的真菌，它们绝大部分属于担子菌，其可食部分是子实体。最常见的食用菌有蘑菇、香菇、草菇、平菇、木耳、银耳、金针菇等等。

我们来谈谈最常见的食用菌。传说法国著名小说家大仲马到德国去旅行。有一天晚上，正下着大雨，他忽然想到要吃点蘑菇，便冒着雨跑到饭店里。他一时想不起德文中“蘑菇”该怎么写，便在纸上画了个蘑菇。谁知侍者误解了他的意思，便给他送来了一把雨伞，把这位大文豪弄得啼笑皆非。

的确，蘑菇的形状很像一把撑开的伞，那小小的伞盖下，还呈放射状排列着一层像伞骨子似的“菌褶”呢！

雨后，空气清新，一道彩虹挂在天边，手拉手儿去采蘑菇吧！草丛里，小树林里，仔细瞧瞧，这儿一丛，那儿一簇，匆匆忙忙、争先恐后地挤出各色各样的小伞。

这些微生物中的“巨人”原本是生长在肥沃的田野、草原和马厩肥上的一种菌类，肉质肥腴，气味芳香，为各国人民所喜爱。

由于它们的生长受到一定的限制，人类想出了各种各样的方法进行人工培养。目前，蘑菇栽培业正向大型化、机械化、自动化方向发展。美国宾夕法尼亚州温非尔德有一所世界上最大的蘑菇工厂，在全长 177 公里的半地下式菇房里，年产蘑菇可达 18000 吨！栽培四个不同品种的蘑菇：双孢蘑菇(白蘑菇)、四孢蘑菇、蘑菇和大肥蘑菇。

这些蘑菇是上乘的有益健康的佳品，1 斤蘑菇所含的蛋白质，相当于 2 斤瘦肉、3 斤鸡蛋或 12 斤牛奶的蛋白质含量，无怪乎欧洲人把它称为“植物肉”。

除此之外，蘑菇还含有丰富的 B 族维生素，尤其是 V_{B12} 的含量比肉类要高。它能防止恶性贫血，改善神经功能，并有降低血脂的作用。双孢紫晶菇、

木耳中所含维生素 B_1 也比一般植物性食品要高，对提高食欲，恢复大脑功能，增加哺乳期妇女的乳汁分泌有一定好处，心脏病、神经炎、神经麻痹者多食此类蘑菇有助于病体康复。

四孢蘑菇和双孢蘑菇还含有一般菇类少见的维生素 PP 及烟酸。前者对生活在热带和亚热带的人来说，有预防癞皮病的作用，后者被吸收到血液后，转变成烟酰胺，能起到辅酶作用，有助于防止贫血。

双孢蘑菇还含有少量的生物素、吡哆醇及维生素 K。前者能参与体内脂肪的代谢，吡哆醇在利用不饱和脂肪酸时能参与反应过程；维生素 K 即凝血酶因子，能增加血液的凝结性。

四孢蘑菇、香菇、草菇还富含维生素 C，经常食用可防止坏血病发生，并有助于保持正常糖代谢及神经传导，促进食欲。

蘑菇不仅能补充营养，还可以防止多种疾病呢！

正当人们在觥（gōng）筹交错之际，对真菌的美味赞不绝口的时候，保健品市场上也悄然兴起了一股“真菌”热。

其中，最值得人们称道的就算是灵芝与猴头菇了。其实，灵芝是一种真菌，它属于真菌门、担子菌亚门、层菌纲、非褶菌目、多孔菌科的灵芝属，多么拗口的一段描述！但是，你如果想知道一种生物在浩瀚无涯的生物界的“地位”，想去生物世界“拜望拜望”它们，一定要弄清楚它们生活在哪个国家（门）、住在哪个省（纲），具体在哪个市（目），哪个区（科），哪个街（属），门牌号码（种）是多少，否则，在生物的汪洋大海之中，哪儿去捞你想要找的那根绣花针去！

学会了这一招，一会儿就可以找到灵芝的“家”。灵芝安家的地方挺别致，它喜欢把家安在栎属或其他阔叶树干的基部、干部或根部。而且，它老是撑着个半圆形或肾形的红褐色泛着油漆光泽的伞等着你，那伞的杆儿挺怪，不在正中，看着怪可笑的。你笑它可不会笑，它会一本正经地介绍它们的家史，并引经据典地告诉你它有多重要：《神农本草经》说它有“益心气、安精魂、补肝益气、竖筋骨、好颜色”等功效。近年来，现代医学也惊叹它的价值，它能用于健脑、治神经衰弱、慢性肝炎、消化不良，对防止血管硬化和调节血压也有一定的效能。最近，它又被奉为有“扶正固本”作用的滋补强壮剂。

真菌界有一个与之相媲美的另一个宠儿，那就是——猴头菇。

自古以来，猴头菇就是有名的庖厨之珍，它和海参、燕窝、熊掌并称为中国的四大名菜。民间还有“山珍猴头，海味燕窝”的说法。世代生活在大兴安岭的鄂伦春人，常常把“猴头炖乌鸡”当作他们招待贵客的上等野味。哈尔滨市，以经营京、鲁风味名肴和本地野味珍馐（xiū）而久负盛誉的“福泰楼”制作的“扒熊掌猴头”、“白扒猴头”颇有名气。

猴头菇又是有名的滋补性食品。祖国医学理论认为，猴头菇有“助消化、利五脏”的功效，它的提取液对医治消化不良、胃溃疡、十二指肠溃疡、食道癌、胃癌、贲门癌均有明显疗效。

猴头菇有这么重要的作用，为什么起这样俗气的名字呢?

其实，只有这个名字才能惟妙惟肖地刻画出它的形象。

野生的猴头菇一般长在老而未死的栎、柞、桦等阔叶树的枝杆断面或腐朽的树洞中。北方人一般把贴生于树干上的叫“狗屁股”，而把坐生的称为“猴椅子”。每年七八月，秋雨霖霖，正是猴头菇“蹲窝”的时候，往往在你不经意间会蓦然出现，在那浓荫掩蔽的树洞中，有一只小毛猴，正在伸出脑袋向外探望，仿佛就要纵身离洞，去大闹天宫似的。

猴头菇同灵芝一样，也属于真菌门、担子菌亚门、层菌纲、非褶菌目，但它与灵芝等多孔菌又完全不同，它的孢子不是长在“菌孔”中，而是生长在那些像毛发一样的“菌刺”上。将成熟的猴头掰开，可以看到肥厚的菌体，那是由许多粗而短的分枝互相融合而成的。在分枝的末端，有无数针状突起，这就是着生孢子的菌刺。幼嫩的猴头菇呈白色，老熟后变为黄棕色，毛茸茸的，活像一只毛猴脑袋。国外称为“刺猬菌”，虽然也有些像，但不如猴头菇一名那样逼真，饶有情趣。据说，山西省曲垣县的深山里，曾发现过一只被称为“全猴”的猴头菇，形态更为奇妙，不但“鼻”、“眼”俱全，还有“四肢”和“尾巴”，倒真像一只活灵活现的“小毛猴”。

在公元一世纪之前，我国已开始人工栽培灵芝，而直到现代，人们才结束了野外采集猴头菇的靠天吃菇的现象。用锯木屑、玉米芯或棉壳，只要 30 或 40

天时间，猴头菇就会急冲冲地冲出来，贼头贼脑地打量这个大千世界呢!

蘑菇口味清淡醇美，富有营养，而且有助于人体健康，真像是一群美丽而又善良的天使。

在这群善良的天使中也有“妖魔鬼怪”呢。

首先来谈谈“妖”。法国作家和旅行家里哈德·克房堡到拉丁美洲去旅行，在巴西丛林里遇到了蘑菇中的“妖”。

一天，他在浓密的灌木丛中看到一只软绵绵的白色“小蛋”，这种“小蛋”慢慢“长”大，并且，“蛋壳”上很快出现了裂痕，紧接着绽成两半，从里面跳出一只桔黄色的小伞，原来是一只蘑菇的菌蕾。

这只蘑菇生长的速度快得令人吃惊，2 小时内，长了 50 厘米。令人更为惊奇的是：一个奇迹发生了，那黄澄澄的伞盖下突然抖落出一道雪白透明的薄纱，一直拖到地面，就像一位风采秀丽、清俏可人身着曳地长裙的欧洲贵妇，亭亭玉立于风中。就在他们迷醉于此情此景的时候，有一股像腐烂动物尸体所发出的难闻的臭味，从菌体上四溢开来。这时，已经是夜幕低垂，有一股绿宝石般的光辉从伞盖下倾泻下来，映着薄纱，招来无数飞舞的小甲虫。当他翌日清晨再去寻找时，除了地面上一滩粘液外，“面纱女人”、发光蘑菇全都失踪了。

再说说“魔”。

很早以前，墨西哥的迷幻药是很有名的，据说他们能用这种迷幻药将受试者的灵魂引导到“天堂”，进行神秘的精神幻游。当人们吃了这种药物后，眼前便会出现各种各样色彩斑斓的几何形建筑，变幻莫测的湖光山色，光怪陆离的奇珠异宝，不可名状的飞禽走兽……各种人世间难以见到的奇异景象。

对于这种迷幻药，墨西哥的魔术师向来视为秘密，很少为外人所知。直到上个世纪末，秘密才泄露出来，原来他们师承了古印第安人的一种秘方，这种迷幻药就是用当地出产的某种蘑菇制成的。

这种被古印第安人崇拜的“神之肉”蘑菇至少有两种，即“墨西哥裸盖菇”和“古巴裸盖菇”。低剂量食用能引起对外界的精神愉快的淡漠感，高剂量食用才能引起人们的幻觉和幻象。

经过科学家的研究，这些“魔”终于显出了原形。原来，致幻剂成分是“裸盖菇素”含有的生物碱，它们干扰了大脑中5色羟胺和肾上腺素的正常代谢，从而使人产生种种幻觉。

这类“菇魔”的神奇魁力使许多科学家都致力于这项研究，希望能利用这类蘑菇的暂时性作用来影响人脑，以进一步探索大脑活动的奥秘。

“鬼”在人心目中是一种可怕的东西，每每提起它就会不寒而栗，它属于“悲伤”，属于“死亡”。

当然，这世上是没有鬼的。

而蘑菇中的“鬼”是一些致人于死地的“鬼”。

古罗马政变者多次利用蘑菇之中的“鬼”来达到他们的野心。

据罗马古代史籍记载；克劳狄继承王位后，先后废弃、杀戮四位王后，其中只有梅莎琳留下一位王子，叫布里泰尼居斯，是法定王位继承人。克劳狄以后又纳阿格里潘为后，她与前夫曾有一子名为尼禄。阿格里潘为了能让自己的儿子继承王位，便用毒菇谋杀了克劳狄。

而后，因为宫廷内各种争权夺利的斗争，很多人都陆陆续续地成为“毒菇”手下之鬼。最后，加尔巴夺得了王位，他深知其中利害，害怕自己遭到同样的暗算，即位后立即宣布：此后，王宫菜肴中再也不许使用与“毒菇”体形类似的美味红鹅膏了。

最后，我们来谈一谈“怪”。

蘑菇属于真菌，是一种大型微生物，以死亡有机质为生。它属于比较低等的生物，寿命很短促，因而个体一般都不大。

但是，其中偏偏有超级巨人。在我国大兴安岭的冷杉林里，有一种多年生的“松生层孔菌”，菌盖最宽处可达50厘米。这种真菌多生在树杆基部，结实得可以当凳子坐。捷克斯洛伐克有一只层孔孔菌，重量虽然只有96公斤，而菌盖却扩展到4米以上，算得上是巨中之巨了。

面对这群“妖魔鬼怪”，我们要像孙悟空那样，有一双识妖辨魔的火眼金睛，有一股降妖伏魔的冲天豪气，但最重要的，就是要有丰富的知识，了解它们，利用它们。

“当代瘟疫”艾滋病

80年代初期，在美洲、欧洲、非洲、大洋洲国家和地区，出现了一种新的疾病，这就是令人恐怖的艾滋病。艾滋病扩展的速度很快，死亡率极高，目前正向世界各地蔓延，有人把它称为“当代瘟疫”和“超级癌症”。

引起艾滋病的病原体，便是微生物王国中的一种逆转录病毒，现在人们把它叫做人类免疫缺陷病毒。

艾滋病主要通过性接触、输入污染病毒的血液和血液制剂、共用艾滋病患者用过而未经消毒的针头和注射器等传播，受病毒感染的孕妇也可以通过胎盘血液传染给胎儿。当艾滋病的病毒进入人体后，可以静静地潜伏在人体内多年而不发作。它的主要危害是破坏人体免疫系统，使病人无法抵抗其他机体感染的疾病而致死。还可以发生少见的恶性肿瘤，如多发性出血性肉瘤而导致死亡。

由于艾滋病这一严重威胁人类生存的疾病在很多国家相继出现，已在全世界范围内形成一种艾滋病恐怖症。很多报道过分地渲染了艾滋病的可怕性，这更增加了艾滋病的恐怖气氛。其实，艾滋病有明显的高危人群，已经知道了传染途径，这种病是可以预防的。

预防艾滋病，要做很多工作，不过对我们青少年来说，主要是加强社会主义精神文明建设，树立和发扬社会主义道德风尚，提倡文明、健康、科学的生活方式。这样，艾滋病这个当代瘟神，就无法在我国的大地上横行。

征服病菌的战斗

在瞬息万变的生活环境里，我们无时无刻不受到数以亿计的病菌的侵袭。人类为了保卫自身的健康，在体内和体外一直与病菌进行着无声激战。在保卫人体的外围战中，人们根据不同需要采用了不同的方法来击退病菌的侵犯，灭菌、消毒和防腐，就是三种常用而程度不同的斗争方法。

灭菌，是在一定范围内消灭物体上所有微生物的方法。医院里对手术器械通常采用间歇灭菌法，即把器械煮沸 30 分钟，在 20～37℃的恒温环境中放置一天，这样，某些没有杀死的微生物芽孢会误以为危险期已过，“放心大胆”地进行繁殖，这时再蒸煮杀菌，连续反复几次，手术器械便可以达到完全没有微生物的要求。高压蒸汽和干热空气两种方法都可以用于灭菌，不过由于多数微生物的耐干热性较强，所以高压蒸汽灭菌一般仅需在 121℃温度、30 分钟的条件下即可达目的，而干热空气灭菌的条件则为 140℃、4 小时。除此之外，太阳光中的红外线可以使微生物细胞中的水分大量蒸发，紫外线又能使微生物细胞中的核酸分子发生变化，所以常晒衣服和被褥是一种廉价的灭菌方法。

消毒，是不彻底的灭菌方法。因为在许多场合下不需要把微生物全部杀死，只要消毒就可以了。例如手上碰破了一块皮，可以擦些紫药水或红药水；打针的时候，大夫先用碘酒、后用酒精给皮肤消毒，这些都是为了达到局部灭菌的目的。在使用消毒药水时，千万不要把红药水和碘酒同时擦到皮肤上，以免引起中毒。巴斯德经过多次实验确认：把鲜牛奶加热到 71℃，持续 15 分钟，即可以消灭其中的结核杆菌和伤寒杆菌，又不致于损坏牛奶的营养价值和风味。在这之后，人们普遍地使用这种方法保存牛奶。这就是有名的巴氏

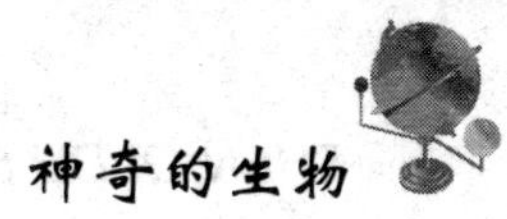

消毒法。

依靠各种手段抑制某些微生物生长繁殖的过程，叫做防腐。人们经常把多余的鱼肉、蔬菜和水果或晒干，或盐腌，或制成蜜饯，这是因为微生物的繁殖需要一定的水分，而经过处理的食物不含或只含极少量的水分，从而铲除了滋生微生物的“温床”，起到了保存食物的作用。微生物的生长还受温度的影响，一般细菌在30～37℃、霉菌在25～28℃生长最旺盛，如果降低温度便可以减弱微生物的生命活动，或者使它们处于休眠状态，因此人们利用冰箱、冰库来贮藏肉、蛋。但是冷藏仅仅是为了防腐，达不到灭菌和消毒的作用，所以冷藏食物需要有时间限制，一旦超过了冷藏期，微生物适应了低温环境，会从休眠中“醒来”，导致食物变质。肉类一般在低温下可以保存一年左右，蛋类的保存期更长一些。

时至今日，人们找到了并且还在继续寻找战胜有害微生物的有利武器。

食物和炸药中的微生物

“牛，吃进去的是草，挤出来的是奶”——这是人们对于人民公仆的赞誉，他们不求索取、只谈奉献的精神永远值得每个人去学习。

但是，牛为什么吃进去的是草，而挤出来的是奶呢?

草的主要成分是纤维素和半纤维素，要想把它当作食物利用，就必须具备分解纤维素的纤维素酶。我们经常吃的蔬菜中就有不少纤维素，由于人不能分泌纤维素酶，蔬菜中的纤维素尽管吃到肚子里，却不能被当作营养吸收利用，最终只能随粪便排出体外。

牛和人一样，也不能分泌纤维素酶，它怎么能把草吃进肚子里当作营养物质利用而变成牛奶呢？研究研究牛的胃，这个秘密就展现在你的面前了。

牛有一个特殊的胃，这个胃由瘤胃、网胃、瓣胃和皱胃四个小胃构成。瘤胃是一个温暖舒适的家，食物丰富又不像人的胃那样分泌胃酸。于是，微生物就成群结队地来此安家落户了。它们搭起了“房子”，盖起了“工厂”，开始报答给它们提供食宿的恩人了。草料一被牛吃进瘤胃，它们就立即马不停蹄地加工生产，把草中的纤维素加工成脂肪酸、醋酸、丙酸等有机酸，脂肪酸在瘤胃中就被牛作为营养吸收利用了。同时，大量繁殖的微生物并随着初步消化的草料进入后两个胃中。在那里，由胃分泌的蛋白酶将草料连同微生物的菌体一起消化形成氨基酸、维生素和其他营养物质，然后被牛吸收用来制造牛奶。

每逢盛夏，气候炎热，一般的菜肴都很难下咽，这个时候，武汉市的市民就搬出酸菜坛子，挑出一块酸萝卜或者一片酸白菜，嘎叭嘎叭脆脆地嚼着，和着傍晚镀上夕阳光泽的闲散的凉风喝稀饭，那真是惬意极了。

但是，总碰到有那么几家人，只能眼睁睁瞅着别人家惬意，自家坛子里

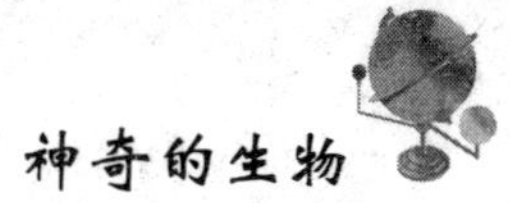

的萝卜和白菜，味道却是怪怪的。原来，他们“手气不好”，把酸菜做坏了。

真的是有的人“手气好”有的人“手气不好”吗？哦，原来，这也是微生物在作怪呢！

在泡制酸菜的时候，蔬菜上、水中都含有许多微生物。最初这些微生物都是自由自在地生长繁殖，因为坛子里除了具有微生物生长所需要的营养、水分、温度外，还有一个适合它们生长的一定酸碱度的环境。我们曾提到微生物生性各异，它们对酸碱度的要求也各有不同。多数细菌和放线菌适宜在偏碱性的环境中生活，而多数酵母和霉菌适宜偏酸性的环境。

酸菜中常见的乳酸杆菌在生长过程中分解蔬菜中的糖，产生大量的乳酸，使环境中的酸度急剧增加。这样一来只适应在偏碱性、中性条件下生活的微生物就无法生长。而乳酸杆菌由于能耐受一定的酸度就生长更迅速，使乳酸含量继续增加，一些能在稍微酸性环境下生活的微生物这时也被迫缴械投降，乳酸杆菌在含酸量达2%时仍然能很好地生活，它们便在杀死或抑制其他微生物之后成了酸菜坛中的霸主。“手气好”的人实际上就是因为没有破坏泡菜坛子中的酸碱度，促使乳酸杆菌大量繁殖，保护了蔬菜不被其他微生物吃掉，并且使蔬菜有了爽口的酸味。“手气不好”的人则恰恰相反，他们在制作酸菜或保存酸菜时，由于方法不当破坏了乳酸杆菌的生存环境，乳酸杆菌连生命都不能保全，哪来功夫做酸泡菜呢！

我们在过节、喜庆的时候，总是要以酒来助兴。说到酒，可真有说不完的话。

李时珍在《本草纲目》中记载：“烧酒非古法也，自元时始创其法。”因此一般认为烧酒是元朝才开始的。袁翰青引证了白居易的“荔枝楼对酒”一诗中的“荔枝新熟鸡冠色，烧酒初闻琥珀香”，雍陶的“自到成都烧酒熟，不思身更入长安”，李肇的“酒则有剑南之烧春”等唐人诗句，认为烧酒在唐代以前就有了。

不管上面的考证哪一种对，总之几千年来，中国的古人们就已会用“酒麴”来做各种美酒了，只不过他们不知道酒麴里含有活的酵母菌等发酵微生物罢了。

酵母，有人称它是细菌的兄弟，把它归入霉菌的大家庭。

然而，它有它特殊的生活方式。

它专爱吃糖、果汁、淀粉之类的碳水化合物。它吃过了之后，就把那些碳水化合物都分解为酒和二氧化碳了。它吃了淀粉，就留下黄酒；吃了麦芽，就留下啤酒；吃了葡萄，就留下葡萄酒。它是天生的造酒专家，在不知不觉中，却为人类所利用了。

它的身子非常轻。一个细胞直径不及 5 微米，那胞浆的固体重量极轻。它的繁殖非常快，只须在酒桶的原料里撒下一点儿“种子”，它们很快就发芽，一个个子细胞从母细胞怀里蹦出，不久满桶都是它的子孙了。

它这一族里成员很复杂，各有特殊的性格，因而所造成的酒，那酒味就各有些差别了。

酵母菌既有这发酵的本领，于是聪明的人类又利用它来制造面包和馒头了。面包和馒头本是一团麦糊，生硬不中吃，把酵母菌埋在它们的心窝里，到了适宜的温度，就会发出猛烈的碳酸气，把那麦糊吹膨胀了，变成一块一块又松又软包藏着无数小孔的东西，最后腾腾的热气把有功的酵母菌全都杀尽了，于是我们吃了这样一块面包或馒头，就觉得又香又酥软又甜美了。

酵母菌在食品方面的功劳我们了解的还是比较多的，可又有多少人知道它在国防军备中的巨大贡献呢?

甘油，它的名字就表明了它是一种具有甜味的，像油一样的液体，最早是由瑞典的科学家在皂化橄榄油时发现的。它是油和脂肪的组成成分，自然界中以甘油脂的形式广泛分布。在冬天我们和它很亲密，用来涂手擦脸，防止皮肤冻裂，而在战时，它却大批大批地被军火厂收买去了，因为它还是制造炸药的一种主要原料。它和硝酸化合，变成硝酸甘油，只要温度一高出 180℃以上，它就会爆炸。

德国在欧战初期就很感到甘油缺乏，虽然在酵母菌所寄生过的果油糖汁中，都有一些甘油的存在，但是产量实在太少。于是德国的军事家赶忙研究如何改良酵母菌使它多产甘油。研究的结果表明，要使酵母菌发酵生产更多的甘油，必须供给碱性的糖汁，加亚硝酸钠之类的药品，还要防止外界的杂菌污染，仅仅这样改变一下，甘油产量就飞速增长了。

在微生物发酵工业中，人们十分重视对微生物生命活动机制、代谢途径的研究，这已是发展生产、指导生产的一个重要理论某础。

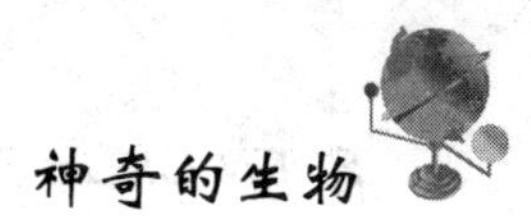

浸矿和脱硫

19世纪40年代，人们从矿山流出的酸矿水中发现有微生物存在，并且发现它们能将矿石中的金属浸出，最后分离出这种微生物，人们才逐步明白了，在用这种方法炼铜时默默无闻的微生物担任着重要的角色。古老的方法又获新生，用微生物浸矿来提炼金属成为现代人十分关心的研究课题。

我国细菌浸铜的研究与实验近十余年来取得了重大进展。湖南省应用细菌浸渍由柏坊铜铀伴生矿回收铜和铀已告成功，并用于生产。湖北省大悟县芳贩铜矿进行了堆积浸出的生产实验，亦有成效。

微生物浸矿所用微生物主要是氧化亚铁硫杆菌。它的主要生理特征是，在酸性溶液中，将亚铁氧化成高铁，或把亚硫酸、低价硫化物氧化成硫酸，所生成的酸性硫酸高铁是金属硫化物的氧化剂，使矿石中的金属转变为硫酸盐而释放出来。

浸矿时，先将矿石收集起来堆成几十万吨的大堆，可高达100多米，用泵把细菌浸出剂、硫酸铁和硫酸喷淋到矿石表面。随着浸出剂的逐步渗透，矿石堆就发生了化学反应，生成蓝色的硫酸铜溶液流到较低的池中。然后再投人铁屑把铜从溶液里置换出来。这种方法叫做堆积浸出法。还有一种池浸法，它是把矿石放在池子中部的筛板上，浸出剂从上部喷淋流入下部池中，反复循环。这种方法可以提高浸出速度，提取率较高。也可以把浸出剂直接由矿床的上部注入进行浸溶，这种办法更加经济，不需要开采矿石，特别是对于尾矿、贫矿更适合。如果将矿石粉和浸出剂放在同一容器内，使用空气翻动或机械搅拌，具有提取速度快、产量高的优点。

利用微生物不仅可以浸矿，还可以用来脱硫。

煤中含硫，直接燃烧时，含硫气体放入空气中，造成环境污染。化学脱硫方法耗能大，物理脱硫方法较化学法省钱，但煤粉有损失，利用微生物脱硫则很有潜力。脱硫过程是这样的，先将煤碾碎，用稀酸进行预处理后，将煤粒与水混合。在反应器中，加以含有适当营养物的培养基（主要是硫酸铵和磷酸氢二钾），并接种适当培养的菌种，通入空气和二氧化碳（烟道气），温度控制在28℃～32℃（对氧化亚铁硫杆菌）。反应结束，将煤与培养液分开，从培养液中回收硫。

利用微生物浸矿冶炼金属所以受到人们的重视，是因为它不需要大量复杂的设备，方法简便，成本低，特别适于开采小矿、贫矿、废弃的老矿。但是，在目前生产中还存在着不少问题，如生产周期长、对矿石有选择性，碱性矿石就更难见效、提取率不稳定等。培养细菌需要控制一定的温度和湿度，使冬季和寒带地区不能进行生产。人们正在设法攻克这些难关，使细菌在矿产资源开发中发挥更大的作用。

同时，人们还正在研究用微生物来提取另外一些稀有金属如镁、钼、锌、钛、钴、银等。尽管这些研究的成果应用到生产中还需要一段时间，但已不是不可捉摸的事了。微生物将成为冶金战线上一支不可低估的生力军。

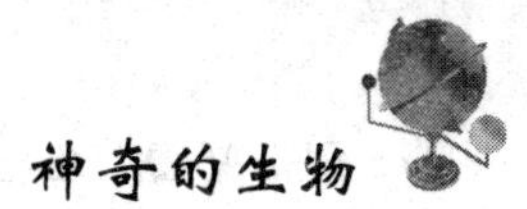

指示菌和测示菌

植物是人类不可缺少、不能分离的伙伴，而且它们还有一些奇妙的功能，比如说植物的监测作用。有些植物对大气污染的反应要远比人敏感得多。例如，在二氧化硫浓度达到$1\times10^{-4}\%\sim5\times10^{-4}\%$时，人才能闻到气味，$10\times10^{-4}\%\sim20\times10^{-4}\%$时，人才会咳嗽、流泪，而某些敏感植物处在$0.3\times10^{-4}\%$浓度下几小时，就会出现受害症状。有些有毒气体毒性很大（如有机氟），但无色无臭，人们不易发现，而某些植物却能及时作出反应。因此，利用某些对有毒气体特别敏感的植物（称为指示植物或监测植物）来监测有毒气体的浓度，指示环境污染程度，是一种既可靠又经济的方法。如利用紫花苜蓿、菠菜、胡萝卜、地衣监测二氧化硫，唐菖蒲、郁金香、杏、葡萄、大蒜监测氟化氢，矮牵牛、烟草、美洲五针松监测光化学烟雾，棉花监测乙烯，女贞监测汞，都是行之有效的好方法。

美丽可爱的植物具有如此奇妙的功能，那么微生物呢?

二氧化硫是一种有毒的气体，它能引起人的哮喘病、肺水肿，当浓度高时人会窒息而死。一些工厂排出的废烟中常含有它，它是造成空气污染的主要物质，在美国、英国、日本发生的几次严重的大气污染事件无不与二氧化硫有关。准确报告空气中的二氧化硫的浓度是一件很重要的工作。真菌和藻类的共生体地衣对少量的二氧化硫十分敏感，通过人工培养地衣的生长情况，就能很方便地判断空气污染的情况。利用海洋中的发光细菌也能探测大气中的毒气存在。判断水的污染程度对工农业生产和日常生活都是非常必要的。有一种两端都长有鞭毛的纡回螺菌，它在污水中便失去了运动性，培养它们来检验污水是很灵敏的。噬细菌、蛭弧菌、乳节水霉都能作为污水的示菌。

有种短柄毒霉对有毒的砷化合物高度敏感，物料中含百分之几的三氧化二砷它也能够测出来。

石油是重要的燃料，在国民经济中起着极其重要的作用。石油都埋在地下很深的地方，为了开采它，人们还得先进行勘探，看它藏在哪块地的下边。勘探时需要打井钻眼，把地下的土样拿来化验。这都需要大量的人力和物力。随着人们对微生物的了解，利用很简单的培养微生物的方法也能找出石油的藏身之地。原来油田虽然在地下，但油层中有许多烃类物质由于扩散作用能渗透到地壳表面，这就露出了油田的蛛丝马迹。这些烃类是一些微生物的好食品，烃类越多它们繁殖越快。这时只要从地面找出这些微生物，经过人工培养并测定它们的数量就可以得知这块地下有无油田。1957 年国际上用微生物法勘探了 16 个地区，就有 10 个地区有油田矿藏。

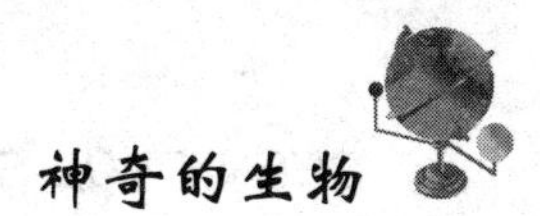

“环保”守护神

在城市的旧房区，我们经常看到拆旧房的工人。在大自然的国度里，细菌也是“拆旧房的工人”，不过它们拆的不是旧房，而是动植物的尸体。它们将多细胞的动植物分解成单细胞，进一步分解成小分子还给大自然。

在那些死去的生物细胞里还残留着蛋白质、糖类、脂肪、水、无机盐和维生素六种成分。在这六种成分中，水和维生素最容易消失，也最易吸收；其次就是无机盐，很易穿透细菌的细胞膜；然而对于结构复杂而坚实的生命三要素蛋白质、糖类和脂肪等，细菌就要费点心思了。先要将它们一点一点软化，一丝一丝地分解，变成简单的小分子，然后才能重新被利用。

蛋白质的名目繁多，性质也各异，经过细菌的化解后，最后都变成了氨、一氧化氮、硝酸盐、硫化氢乃至二氧化碳及水。这个过程叫化腐作用，把没有生命的蛋白质化解掉，这时往往会释放出一股难闻的气味。

糖类的品种也多，结构也各不同，有纤维素、淀粉、乳糖、葡萄糖等。细菌也按部就班地将它们分解成为乳酸、醋酸、二氧化碳及水等。

对于脂肪，细菌就把它分解成甘油和脂肪酸等初级分子。

蛋白质、糖类和脂肪这些复杂的有机物都含有大量的碳链。细菌的作用就是打散这些碳链，使各元素从碳链中解脱出来，重新组合成小分子无机物。这种分解工作，使地球上一切腐败的东西，都现出原形，归还于土壤，使自然界的物质循环得以进行。

现代高科技的快速发展，的确给人类生活带来了巨大的便利，然而，也产生了一系列新的问题。

水污染便是其中之一。

在前苏联，伏尔加河污染使著名的鲟鱼快要绝迹。1965 年在斯维尔德洛夫市曾有人偶然把烟头丢进伊谢特河而引起了一场熊熊大火。前苏联每年有 100 多万吨石油产品和 20 万吨沥青及硫酸排放入里海，使丰产的梭子鱼几乎绝迹。

在美国，被称为“河流之父”的密西西比河，污染使许多鱼鸟绝迹，港湾荒芜。盛产水生生物的安大略湖也被污染得享有“毒湖”之称。海洋的污染使美国 8% 的海域中的鱼贝类不能再食用。

在日本，港湾的污染使特产的樱虾、鲈鱼已经断子绝孙。九州鹿儿岛的猫因为吃了富含汞的鱼类，贝类而像发疯一样惊慌不安，跳入大海，有“狂猫跳海”的奇闻。

在中国，由于受工业废水、生活污水、粪便、农药化肥等污染，国内的 523 条重要河流中，现已有 436 条受到严重污染，湖泊和水库的 80% 左右也被列为污染之列。

……

浊浪滔滔，江河湖泊在呻吟，人们费了不少脑筋和精力，投入了大量的人力、物力、财力来解除水污染。目前，废水处理有物理方法、化学方法和生物方法，而用微生物处理废水的生物方法以效率高、成本低受到了广泛使用。能除掉毒物的微生物主要是细菌、霉菌、酵母菌和一些原生动物。它们能把水中的有机物变成简单的无机物，通过生长繁殖活动使污水净化。有种芽孢杆菌能把酚类物质转变成醋酸吸收利用，除酚率可以达到 99%；一种耐汞菌通过人工培养可将废水中的汞吸收到菌体中，改变条件后，菌体又将汞释放到空气中，用活性炭就可以回收。有的微生物能把稳定有毒的 DDT 转变成溶解于水的物质而解除毒性。每年在运输中有 150 万吨的原油流入世界水域使海洋污染，清除这些油类，真菌比细菌能力更强。在去毒净化中，不同的微生物各有“高招”！枯草杆菌、马铃薯杆菌能清除已内酯胺；溶胶假单孢杆菌可以氧化剧毒的氰化物；红色酵母菌和蛇皮癣菌对聚氯联苯有分解能力。

用微生物处理废水常用生物膜法。所有的污水处理装置都有固定的滤料介质如碎石、煤渣及塑料等，在滤料介质的表面覆盖着一层由各类微生物组成的粘状物称为生物膜。生物膜主要是由细菌菌胶团和大量真菌菌丝组成，在表面还栖息着很多原生动物。当污水通过滤料表面时，生物膜大量地吸附水中各种有机物，同时膜上的微生物群利用溶解氧将有机物分解，产生可溶性无机物随水流走，产生的二氧化碳和氢气等释放到大气中，使污水得到净化。

还有一种活性污泥法。所谓活性污泥是由能形成菌胶团的细菌和原生动物为主组成的微生物类群，及它们所吸附的有机的和无机悬浮物凝聚而成的棕色的絮状泥粒，它对有机物具有很强的吸附力和氧化分解能力。

利用微生物净化污水虽然取得了可喜的成就，但在提高工作效益方面还有不少工作要做，因此还不能广泛应用于消除污染。

细菌肥料和农药

我们知道，植物生长需要氮元素。然而，占大气78%的氮却以分子态存在（N_2），大多数植物和动物都不能直接利用。工业合成氮肥，要耗费大量的能源，且严重污染环境。能否让植物直接利用大气中广泛存在的氮源呢？

神奇的微生物可以回答这个问题。

当我们把豆类植物连根拔起时，除了看到像胡子一样的根毛之外，根毛上还长有许许多多的小圆疙瘩。这些球状结构是由于一种微生物侵入植物根部后形成的“肿瘤”。植物身上的这种“肿瘤”不但不会使植物生病，反而成了专门供给植物营养的小“氮肥厂”。

在显微镜下可以看到，根瘤中住着一种叫根瘤菌的细菌。它们侵入植物根部后，分泌出一些物质，刺激根毛的薄壁细胞，使增殖形成“肿瘤”。根瘤菌依赖植物提供营养来生活，同时把空气中游离的氮气固定下来供给植物利用。一个小小的根瘤就像一个微型化肥厂，源源不断地把氮气变成氨提供给植物吸收。

生物固氮由两类微生物来实现。一类是能独立生存的非共生微生物，主要有三种：好气性细菌、嫌气性细菌和蓝藻；另一类是与其他植物共生的共生微生物，如与豆科植物共生的根瘤菌、与非豆科植物共生的放线菌以及与水生蕨类红萍共生的蓝藻等，其中以根瘤菌最为重要。

既然豆科植物能直接利用大自然中的氮源，那么，能否让其他植物也具有同样的功能呢？人类自然会想到这个问题。

首先，我们得弄清楚是什么决定固氮作用呢？科学家告诉我们，原来固氮体内含有固氮基因。固氮基因传递着遗传信息，使世世代代固氮微生物具

有固氮能力。包括农作物在内的一切高等植物，因为没有固氮基因，当然也就没有固氮能力。但如果把固氮基因转移到作物细胞里，培养成新品种，就能够固定空气中的氮气。

10 多年的研究，科学家们发现生物固氮体系远比想象的复杂得多。而且随着新发现不断增多，复杂程度也逐渐增加。不过最近似乎开始从这种复杂体系中理出“头绪”了，相信过不了多久，科学家们一定会找到可行的途径。

其实，我国人民很早就知道利用微生物的固氮作用提高土壤肥效。远在几千年以前，就已经学会轮番种植瓜类和豆类以提高产量，而西方采用轮番种植技术，是 18 世纪 30 年代以后的事。把固氮的微生物进行人工培养获得大量的活菌体，然后用它们拌种或播种，也是一种很好的细菌肥料。化学农药的发明及应用，曾经给农业生产带来质的飞跃，的确让人们很是欣喜了一阵，然而大量应用化学农药也同时带来了严重的环境污染。寻求其他方法杀灭害虫已经成为人类迫在眉睫的研究课题。

损坏庄稼的害虫和别的动物一样容易受到微生物的侵袭而患病或死亡。已经发现昆虫的病源微生物就有 2000 多种。这些活跃在大自然中的微生物成了害虫的天敌，也成为人们和害虫斗争的天然“同盟军”。人们精心地培养这些微生物，把巨大数量的活菌体撒布到田间，让它们去发挥威力。与化学农药相比，它们对人和动物以及益虫是没有毒性的，而害虫一旦感染了便像疫病一样流行，很快就会使虫口密度下降，迅速扑灭虫灾。另外还有一年防治，多年有效的好处。微生物中用来作为杀虫剂的主要是细菌、病毒和真菌。细菌中，粪链球菌、产气杆菌的许多种类对鳞翅目害虫都有很强的杀伤能力。不过目前使用最多的还是芽孢杆菌。1915 年德国人贝尔林茨在苏云金的一个面粉厂发现了一种芽孢杆菌具有很强的杀虫能力，于是把它定名为苏云金杆菌。这种杆菌在菌体的生长过程中形成抵抗力强的芽孢，还产生一种结晶体叫做伴孢晶体。伴孢晶体是一种蛋白质结晶，它对害虫有强烈的毒性，当害虫把它吃进体内以后，虫体肠道组织便被破坏，而芽孢在虫体内发育并大量繁殖，最终引发败血症。同时苏云金杆菌有许多变种，如青虫菌、杀螟杆菌、松毛杆菌等多达17种。不同的变种杀虫力各有不同。青虫菌对稻螟蛉、玉米螟、菜青虫、松毛虫等几十种鳞翅目的害虫都有强烈的毒性，杀虫效率可达80%～100%。

湖北农科院研制并生产的B_t农药，就是用苏云金杆菌菌体来吞噬农作物上的害虫的生物农药。将B_t农药喷洒后，虫子不是立即“死光光”，而是虫身变黑，胃肠被细菌侵蚀，24小时患“败血症”或“毒血症”而死。B_t农药无公害，不污染环境，对人畜无丝毫伤害，害虫也不会因此产生抗药性。

中国科学院武汉病毒所新近研制的“生物导弹”，就是让赤眼蜂携带强力病毒，传递到松毛虫卵表面，初孵幼虫吃掉卵壳便会感染病毒死亡，而病毒还会在松毛虫群体里流行。

以上是人们利用微生物杀虫的例子，其实，还可以利用微生物来锄草。

早在1970年就发现微生物代谢产物——环己酰胺可以防治农田杂草，而对水稻无害。以后又发现一些微生物除草剂，例如，1977年日本橘邦隆等在放线菌培养液中发现双丙鳞A对单子叶及双子叶的杂草有明显杀除效果。

谷氨酰胺合成酶，简称“GS”，它在微生物及植物体中参与谷氨酸的合成和氮的循环，尤其对植物体内谷氨酸的合成更为重要。双丙磷A能抑制GS的活性，导致氨的累积和谷氨酰胺的减少，而氨是光合磷酸化的抑制剂，当它的浓度高时，对杂草有毒害作用，从而达到了除草的目的。

神奇子弹六〇六

说起606，这里可有一段可歌可泣的故事。

这位“幻想医师”名叫保罗·埃尔利希。他是罗伯特·科赫的高徒。在科赫发明他的细菌染色法时，埃尔利希曾建立了赫赫战功。既然染料在玻璃片上能渗入细菌，使细菌着色而死，那么，借用染料能不能杀死侵入体内的微生物呢？他常常想，如果给活的动物染色，可以看到染料顺着血液流动的情景，那就可以明白活体动物的一切了。他就试着给一只兔子的静脉注射一点染料亚甲基蓝。他注视着颜色流经动物的血液和身体，还神秘地挑选活的神经末梢染成蓝色，但不染别的部分。每次试验，他都只能把亚甲基蓝染到一种组织上。这种做法使保罗·埃尔利希升起了一个怪念头，这引导他发明他的魔弹。他又胡思乱想起来，这里有一种染料，只给一只动物的一种组织染色，其余的一切组织都不管，那么一定有一种染料，它不进攻人的组织，而只进攻侵害人的微生物，并把它们杀死。

这样，1901年，在他的8年魔弹研究的开始，他读到了拉弗兰的研究报告。拉弗兰是发现疟疾微生物的人，最近他又忙于研究锥虫。他拿这种有鳍的恶魔给老鼠注射，老鼠百分之百死亡。他又在得病的老鼠皮下注射砷，虽然砷杀死了老鼠体内的锥虫，但老鼠也逃脱不了死亡的命运。

这一次，埃尔利希决定试试了。锥虫真是一种极好的研究材料，它不太难看见且易在老鼠体内生长。一定能找到一种染料，杀死老鼠体内的锥虫，但老鼠却安然无恙。

1902年，埃尔利希动手猎逐微生物。

他买来大批健康的老鼠，然后让锥虫感染他们，看着老鼠一个个病倒。

他开始试验不同的染料。

一批，二批，三批，四批……成千头小白鼠全部死掉了，从来没有一只在注入了锥虫后会重新复活过来的。

一种，二种，三种，四种……近五百种五颜六色的染料全部试完了，可是没有一种染料能够挽救这些小白鼠的生命，在死去小白鼠的血液里，依然充满着许许多多繁殖起来的锥虫。

一天早上，蓬头垢面、嘴上还叼着雪茄的埃尔利希来到实验室，对他的助手讲，如果把染料的结构稍稍变动一下，譬如加一个硫基，也许它们在血液里溶解得更好，也许能杀死锥虫。

新的试验又开始了。

这一次，他们把加了硫基的染料注射到快死的老鼠体内。镜检的结果看来，血液中的锥虫数量越来越少，可老鼠也在呻吟声中痛苦地死去。

又失败了。

但毕竟，加入疏基的染料杀死了锥虫。这也是一个充满希望的预兆啊！

时间又过去了几年。

博览群书的埃尔利希这天突然看到一篇报道，报道说：在非洲黑人中间流行一种由锥虫感染的昏睡病，感染了此病的黑人在昏睡中大批死去。有一种名叫阿托西的药可以杀死人体内锥虫，但却使病人双眼失明，再也看不见一丝光亮。看到这篇报道，埃尔利希为之一振，染料加入硫化物可杀死锥虫，如果把阿托西改变一下，通过改造，一定可以既杀死锥虫，又不损伤眼睛。

说干就干。保罗·埃尔利希组织他所有的实验工作人员开始对阿托西进行改造工作。

没有白天，没有黑夜；

没有节日，没有假日；

实验在紧锣密鼓地进行着。

经过改变了化学结构的“阿托西”已经用到第605种了，但是小白鼠依旧是死亡。不过在这漫长而艰苦的斗争中，埃尔利希有了充足的信心，对付锥虫的魔弹一定可以制造出来，哪怕要试验一千次，二千次，无论如何，胜利一定会到来。

1909 年到来了。

这一年，埃尔利希已年过 50，他的日子不多了，在全体人员共同努力下，魔弹 606 终于发明了。606，它的大名是“二氧二氨基偈砷苯二氢氯化物”。它对锥虫的功效之大，正如它的名称之长一样不凡，一针下去，就肃清了一只老鼠血液里的锥虫，而且至关重要的是它从不使老鼠瞎眼，也从不把老鼠的血化为水。

606 的发明，使非洲人从昏睡病的痛苦中解救出来。而且，经过后来的改造，606 还可以杀死其他一些微生物。

青霉素

在埃尔利希发明606后，德国医生杜马克发明了磺胺药。磺胺有着一种特殊的杀死细菌的方法。原来，细菌在生长繁殖的时候需要一种生长代谢物质，这种生长代谢物质叫对氨基苯甲酸，它在酶的参与下合成叶酸，进一步再合成催化蛋白质、核酸合成的辅酶F。在这个代谢途径中如果发生某种障碍，就会使这些致命菌的生长繁殖受抑制。在化学药品中，磺肢的结构与对氨基苯甲酸很相似，当磺胺存在时，细菌体内合成叶酸的酶由于不能明察秋毫，就会把磺胺当作对氨基苯甲酸结合，这样菌体合成的叶酸就成了“假叶酸”，“假叶酸”不能继续再合成辅酶F，结果致命菌代谢发生紊乱，进而死亡。而人和动物可利用现成的叶酸生活，因此不受磺胺的干扰。

磺胺类药物能治疗多种传染性疾病，能抑制大多数革兰氏阳性细菌。如肺炎球菌、β－溶血性链球菌等和某些革兰氏阴性细菌（如痢疾杆菌、脑膜炎球菌、流感杆菌）的生长繁殖，对放线菌引起的疾病也有一定的疗效。

然而，尽管磺胺药有如此大的丰功伟绩，它也有弱点，它对付病菌的本领不是万能的，越来越多的事实促使人们要不断寻找更多更有效地杀死有害微生物的魔弹。

医生们发现，有的病开始用磺胺类药物效果还显著，可时间一长，磺胺药便不再奏效。细菌依然我行我素，最后病人还是被夺走了生命。

这是怎么一回事呢?

原来有些病菌认出了磺胺类药物以假乱真的本领，也相应改变自己的代谢方式，让磺胺类药物失去作用，继续危害人们的健康和生命安全。

人们企盼着更有效的药物出现。

1939年，第二次世界大战爆发。战场中鲜血淋漓的伤口成了病菌侵入血

液的门户，已有的药物越来越显示它们的局限，越来越多的战士不是战死在沙场而是痛苦地死在后方的医院里。

形势一天比一天严峻。

1943年初春，一件神奇的事实终于打破了这种可怕的局势。在对付病菌的战斗中，从此又掀开了历史上更加辉煌更加灿烂的新的一页。

这件事发生在美国中部的伯利汉城。

伯利汉城是救助受伤战士的温床，成百上千个受伤的战士从太平洋激战前线运到这里进行治疗。这一天，当医生们竭尽全力给一批病人治疗后，受伤的战士还是开始了昏睡，死亡之神已开始向他们招手。就在这严峻时刻，医院来了一名年轻的医生，他带来两包淡黄色粉末。这位医生名叫李昂士，他是为了试验药效特地从外地赶来的。李昂士医生配好了药，给这批垂死的病人注射。

一小时、二小时过去了，奇迹开始发生。这些已被认为是必死无疑的病人睁开了双眼，并闪烁出活力的光芒。渐渐的，病人热度开始减退，一切症状都有了好转。

李昂立的淡黄色粉末取得了惊人的成就，整个医院顿时轰动起来。

这是真正的救世良药。

这种淡黄色粉末究竟是什么？为什么会有这般神奇的杀菌魔力呢？

这种神奇的淡黄色粉末就是“青霉素”。

青霉素的发现要归功于细心又勤勉的弗来明教授。这里面可有一段挺有趣味的故事呢！

早在青年时代，弗来明就苦苦追索过病菌引起疾病的秘密，辛勤地探求过消灭这些可怕病菌的方法。面对当时由病菌行凶作恶的世界，他曾经为发明杀菌药物而努力过，也为取不到满意的结果而苦恼过。在他那十分简陋的实验室里，弗来明日夜辛勤地工作着，探索着保卫人类生命免受病菌威胁的种种方法。

1928年，弗来明开始研究葡萄球菌，他主要从事葡萄球菌变异方面的研究。不同的养料、不同的光质、不同的温度、不同的水分都可以影响葡萄球菌的形态和生理变化。弗来明每天像一名辛勤的园丁，观察着它们在培养过程中的变化。

每天早晨，弗来明便一个一个小心地揭开培养皿盖，吸出一点菌落在显微镜下观察它们的形态变化。然而，不管他如何小心，空气中飘浮的微生物总是会很轻盈地钻到他的培养皿中，吸收营养。这些捣乱的家伙在培养皿中自由自在地生长繁殖，妨碍了正常实验的进行。这种空气微生物污染培养皿的情况几乎在每个细菌实验室都有过，只是程度有轻有重而已，谁能保证在揭开盖子的一刹那，没有任何小东西飞到里面去呢？弗来明每每遇到这种情况，他毫不灰心，只有另起炉灶，而且，他从来不放过这一几乎被每个细菌学家熟视无睹习以为常的事实。

一个初夏的早晨，弗来明照例进行常规观察。突然，他的目光凝聚在了一瓶被污染的培养基上，原来长得很旺盛的葡萄球菌现在只剩下稀疏的几株了，取而代之的却是一片绿色的细菌（图 4－4）。这就怪了，难道是绿菌把葡萄球菌杀死了？弗来明马上把这种绿菌进行纯化培养，然后把它接种到葡萄球菌皿中，结果葡萄球菌慢慢地死掉了。

这该是一种多么有意义的发现啊！

凶狠异常的葡萄球菌，现在被来自空气的不速之客——绿色霉菌制服了。

我们设想一下：一天早晨，弗来明在揭开培养皿盖的同时，一种名叫青霉菌的细菌闯了进去，又被弗来明尖锐的目光发现了，进而发现青霉菌可杀死葡萄球菌。

这是机遇吗？也许是的，可是历史上曾经有过多少类似的机遇啊！

苹果曾落到千百人的头上，而只有牛顿从中发现了万有引力定律；教堂里的吊灯，日日夜夜都在不停地摇晃，而只有伽利略才从灯的摇动中看到了著名的摆动定律。

弗来明也一样。几乎在每个细菌实验室里，来自空气中的微生物都不止一次地落到培养皿中，可只有弗来明才注意到这种来自空气中的霉菌能杀死病菌的重要现象。

这真是机遇吗？不！

机遇只偏爱那些有准备的头脑。

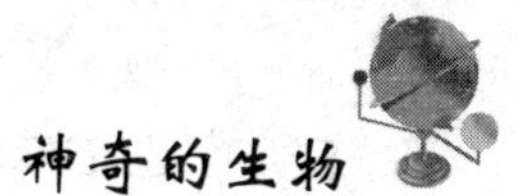

免疫反应

人对于某种疾病有天然的抵抗力，这是很明显的。例如，面临同样严重的传染病，有些人只轻微发病，也有些人会生场大病，而另外有些人则会因此丧命。人类对某些疾病也可能具有完全免疫的能力，这种能力可以是先天的，如白血球吞噬病毒的事情，也可以是后天获得的，比方说，一个人只要患过一次麻疹、流行性腮腺炎或水痘，就可以终身免疫。

上述三种病症碰巧都是由病毒引起的，但它们只引起比较轻微的病症，很少使人死亡，即使其中最厉害的麻疹，通常也只是使小孩产生轻微的不适而已。人体是如何战胜入侵病毒的呢？战胜后又是如何加强自身的防卫力量使战败的病毒不再入侵的呢？在解决这些问题的过程中，发生了一段感人肺腑的现代医学科学插曲。叙述这个故事之前，我们必须先追溯人类征服天花的历史。

18 世纪末，天花是一种令人闻风丧胆的疾病，不仅因为它会夺取人的生命，而且因为它还会在病愈者的脸上留下永不消退的瘢痕。

早在 17 世纪时，土耳其人就开始故意用温和型天花感染自己。他们的作法就是在自己的皮肤上抓出伤口，再从感染轻微天花者身上的水泡里取出液体，涂在伤口上。土耳其人的这种作法虽然冒险，一不小心便会面目全非甚至死去，但天花实在太恐怖，人们只好冒险一试以免受其害。

在英国格洛斯特郡，某些乡下人对于如何躲避天花另有一套办法。他们相信：感染牛的牛痘会使人同时对牛痘和天花具有免疫力。当地一位名为琴纳的医生认为乡下人的“迷信”有一定的道理。他注意到：挤牛奶女工特别容易感染牛痘，但特别不容易感染天花。

会不会是因为牛痘与天花很相像，所以人体具有抵抗牛痘的能力之后能抵抗天花呢？琴纳为验证这个想法做了一个非常著名的实验：他从一位牛奶女工手上的牛痘水泡取出汁液，给一名8岁儿童接种，2个月后，再将天花接种到该孩子身上。这个孩子果真未患病，他对天花免疫了。

琴纳称这个方法为种痘。种痘立即如野火般地传遍整个欧洲。

在种牛痘成功后的一个半世纪里，人类一直在努力寻找类似的治疗方法，以对付其他严重疾病。可惜的是，人类在这条道路上并无任何进展。直到巴斯德在多少有点偶然的情况下，也发现将微生物毒性减弱可以使一种原本严重的疾病变得轻微，人类才又向前跨出一大步。

巴斯德用一种引起鸡霍乱的菌为实验材料。他将菌液加以浓缩，使它的毒性加剧，只需在鸡的皮下注射一点菌液，就可使鸡在一天之内死亡。有一次，他用已经培养了一星期的培养液注入鸡体内，出乎意料之外，鸡的病情轻微而且很快就复原了。巴斯德认为那次的培养液已坏了，于是他重新制备了一批剧毒培养液。但是，这次新的培养液却未能使那些注射过“失效”培养液的鸡得病。很明显，鸡在感染毒性减弱的细菌之后，已具有抵抗未减毒细菌的能力。

就某方面来说，巴斯德是为鸡的“天花”制造了人工“牛痘”。虽然这个实验与牛痘毫不相干，但巴斯德仍然称它为种痘，以表明琴纳的理论对他的帮助。从那时起，人们就普遍地用种痘来表示对任何疾病的接种，而把用来接种的物质称为疫苗。

疫苗究竟是怎样抵抗疾病的呢？这个问题的答案可能会给我们一把了解免疫的化学过程的钥匙。

半个多世纪以来，生物学家早已知道抗体是人体能抵抗感染的最主要因素。病毒，实际上几乎任何一种异物，一旦加入机体的化学过程就称为抗原。抗体是人体制造的一种抵抗特定抗原的物质，即抗体与抗原结合，使抗原无法发生作用。

一种抗原究竟怎样引起一种抗体的呢？皮·埃尔利希认为，身体内平时

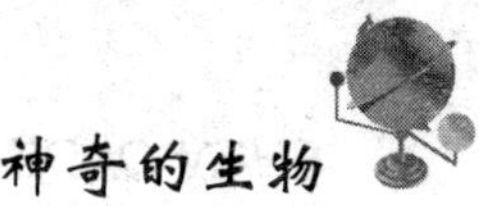

有少量的各种可能需要的抗体存在，只要入侵抗原与合适的抗体产生反应，通过结合，抗体能够将毒素中和，使毒素不能参与任何有害于身体的反应，身体就会供给更多的这种抗体。虽然某些免疫学家仍笃信这一理论或其修正版，但这种说法颇令人怀疑。因为动物似乎不可能准备好千千万万种抗体以对抗各种抗原。

另外有些人则认为，身体内存在着一般性蛋白质分子，这些蛋白质分子可以改变形状与抗原结合。也就是说，抗原充当了抗体成型的模板。1940 年，泡令提出了这种理论。他认为，各种抗体只不过是同一基本分子的各种不同形式而已，所不同的是折叠的方式。换句话说，抗体会随抗原而改变它的形状，就像手套可随手形改变一样。

随着蛋白质分析技术的进步，1969 年，由埃德尔曼所领导的科学家小组终于研究出由 1000 多个氨基酸组成的一种典型抗体的结构，埃德尔曼因此获得 1972 年诺贝尔医学与生理学奖。

通过结合，抗体能够将毒素中和，使毒素不能参与任何有害于身体的反应，抗体也可以与病毒或细菌表面上的一些区域结合。假如一个抗体能够同时与两个不同的点结合的话，那么抗体就可以引起凝集反应，使两个微生物粘在一起而丧失繁殖或入侵细胞的能力。

抗体的结合会对参与结合的细胞产生标记作用，使吞噬细胞比较容易将它吞食掉。此外，抗体的结合可能促使补体系统更活跃，因而使补体系统能够利用酶在入侵细胞的壁上穿孔，将入侵细胞消灭。

疯牛病危机

1996年3月20日，位于伦敦市中心和泰晤士河边的议会大厦里一片寂静，数百名议员正在屏住呼吸听取卫生大臣杜维尔神色凝重地宣读一份报告，报告中称英国已经发现了10例新型克－雅氏症患者。当英国政府被迫承认疯牛病时，距英国发现首例疯牛病已经整整十年了。

疯牛病又名牛类海绵状脑炎症，又称为克－雅氏症。这种疾病最早是由两位名叫克罗伊菲尔德和雅可布的科学家于1957年在非洲巴布亚新几内亚的一个原始部落里发现的。他们当时发现该部落流行一种奇怪的传染病，却又无法找到有关的细菌和病毒。最后他们发现，这种病是由于该部落在祭奠死者时吃掉死者尸体后感染的。为了纪念这两位勇于探索的科学家；该流行病被后人命名为“克罗伊菲尔德－雅可布氏症”。

克－雅氏症是由一种俗称普里昂的朊病毒引起的，该朊病毒只具备蛋白质，而没有普通病毒通常必需的核酸，这种异常的蛋白质已被美国生物学家普鲁西内尔发现，普鲁西内尔因此获得了1997年诺贝尔奖金。这种蛋白质存在于人和其他哺乳动物的体内。普通的普里昂蛋白质不会引起疾病，但变异的蛋白质会经过生物体内部的循环逐渐聚集在大脑和脊髓里，破坏神经细胞，并在大脑里产生大量空洞，最终导致人和动物死亡。对这些生物解剖后发现，其脑组织已经被破坏成海绵状，因此这种病又被称为海绵状脑病。

最为可怕的是，变异的普里昂蛋白质不会引起人体内的免疫反应，故患者发病前无异常症状，很难作早期诊断。正因为它具有抗免疫力，所以患者抵抗疾病的免疫系统对它不起作用，一旦发病，只能向死神投降。

疯牛病又是由什么引起的呢？科学家认为，疯牛病的引发和传播是因英

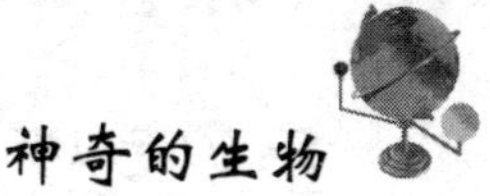

国 1981 年制定的牛饲料加工工艺允许使用牛羊等动物的肉和内脏作饲料，使得异常的普里昂蛋白质进入牛体内。从 1986 年发现第一例疯牛病到 1996 年 3 月 20 日政府正式承认之前的整整十年间，英国政府并未采取积极的预防措施，反而多次公开说吃牛肉不会导致疯牛病，以稳定民心。英国政府去年才采取了一些相应的解决措施，停止使用牛羊内脏作饲料和增加肉类安全检查等措施，但为时已晚。悲剧的种子早已埋下，疯牛病带来的恐慌已不亚于艾滋病。

疯牛病又给人类提出了新的挑战。英国科学家估计，英国有可能感染上克－雅氏症的人高达200 万之多！由于这种病有10 年至30 年的潜伏期，专家估计还要再过10 年才会出现大流行。英国路透社援引权威医学人士的预言说，如果今后几年内每年都发现几十个新型克－雅氏症的话，那么仅 2015 年一年，英国就会有 5000 至 20 万克－雅氏症患者发病。

面对疯牛病的挑战，全世界的医务工作者和科学家必须团结起来，协同攻关。同时也必须通过政府间协作，杜绝疯牛病的再次发生和泛滥。随着科技进步和医疗技术的飞速提高，疯牛病最终必将得到有效的控制和治疗。

拯救星球

到目前为止，全球已有1.25亿人口生活在污染的空气中；12%的哺乳动物和11%的鸟类濒临灭绝，每24小时就有150到200种生物从地球上消失；14亿人口的生活环境中没有污水排放装置；全球每年土壤流失达200亿立方米；每年全世界的森林正以460万公顷的速度从地球上消失。大气污染是诱发疾病的重要因素之一，有害气体是当今世界极重要的污染源。美国每年有5万人死于空气污染；在欧洲，二氧化硫每年夺走6000～13000人的生命，使20万名呼吸道疾病患者病情恶化。此外，二氧化氮污染，今后几年将使6000万欧洲人肺功能减退；臭氧污染将使100万儿童患感冒或眼睛发炎，全世界每天有800人因呼吸受污染的空气而早亡。工业的发展已经严重威胁着人类的正常生活。人们应当牢记这样一条警句："即使没有核战争，生态环境的破坏也足以毁灭人类自身。"

地球是我们人类共同的家园，我们必须承认正是她以博大精深的母爱养育着万物，然而现在人类却并没有珍惜她，而是一方面掠夺她的财富，另一方面又摧残了她的躯体，她怎能不痛苦、不哭泣！近几年频出的酸雨和厄尔尼诺现象就是她的"眼泪"。

工业现代化给人类带来了高度的物质文明和社会繁荣，同时也播下了环境污染的苦果。保护人类赖以生存的地球，给后代留下一个洁净的生存空间，已成为当今有识之士的共识。我们必须加强环境保护的力度，来拯救我们赖以生存的星球。

科研人员正不断更新环境保护的方法，提高治理和防御的效果。在环境污染中，废水的污染尤为严重，直接威胁着我们人类的生存。在研究中科研人员发现，用微生物处理废水和石油污染具有效率高、成本低的优点，因而倍受青睐。用微生物处理废水，效果与化学方法处理一样，而成本只有化学方法的十分之一。其实，在人们还没有发现并利用微生物处理废物、净化环境以前，微生物就已经默默无闻地独揽着净化大自然的重要使命。地球上每年动物、植物的生成量达5000亿吨，在它们生命活动结束之后，如果不是微生物悄悄地把遗留的尸体残骸分解并转换的话，那么，地球上的这些废物一直堆积起来真是会出现可怕而又难以想象的局面。我想我们上月球也许就不必发射宇宙飞船了，只需爬上垃圾堆就可以进月球了。看来，大自然环境保护标兵的桂冠非微生物莫属了，人类真应该真诚地感谢这些微小的“朋友”。

微生物又是怎样“治理”环境的呢？能除掉废水中毒物的功臣主要是微生物包括细菌、霉菌、酵母菌等和一些原生动物，它们能把水中的有机物变成简单的无机物，通过生长繁殖活动使污水净化。有种芽孢杆菌能把酚类物质转变成醋酸作为营养物质吸收利用，除酚效率可达99%，有的微生物还能把稳定有毒的DDT转变成溶解于水的物质而解除毒性。

除了废水污染外，石油对水体的污染也很严重，每年运输过程中有150万吨原油流入世界水域，同时由于近年来原油和各种精炼石油产品在陆地上就地排放或进入水域中，特别是油船遇难或由于海上钻井的操作失控，引起石油的大规模泄漏，使水域被石油污染。消除石油引起的水质污染也是治理环境污染的一大重点。用微生物处理石油污染既经济又快捷。美国宾夕法尼亚州某村地下泄漏约6000加仑汽油，严重污染了水源，影响供水。最初，事故的责任者SanOil公司使用的是掘井提油的办法，即开掘能够打出地下水的深井，用泵打捞浮在水表层的汽油，用这种方法约除去3000加仑。但剩下的汽油如果仍采用这种方法清除，预计尚需100年时间。在不得已的情况下，决定利用培养当地有分解汽油能力的细菌的方法来解决，从而成功地进行了净化。微生物净化石油的方法将是21世纪环境治理的主要手段之一。

石油是多种烃类组成的混合物，仅是一种的细菌不可能完全分解石油。现在科学家们将能降解石油的几种基因，结合转移到一株假单孢菌中，构建

“超级微生物”，能够降解掉多种原油成分。在油田、炼油厂、油轮和被石油污染了的海洋、陆地都可以用这种“超级微生物”去消除石油污染。展望21世纪，我们对治理石油污染充满了信心。

施用化学农药和环境卫生杀虫药剂都是造成环境污染的人为因素，应用生物杀虫剂和生物防治方法，已成为生物技术应用的新领域。1989年吉隆坡医学研究所在一处密林沼泽地发现一种苏云金杆菌的亚种“马来西亚菌”，这种菌可在发酵椰壳等农业废弃物中大量繁衍。可把含有这种细菌的发酵椰壳磨碎，稀释后喷洒到蚊虫滋生场所灭杀蚊子的幼虫。用这些生物灭蚊剂不会污染环境而留下后患，这也是21世纪治理污染必须努力的方向。

科学在进步，社会在发展，我们相信经过科技工作者的共同努力，在新世纪治理环境污染必定可以取得成功。让我们人类还给地球一个洁净的空间，把我们的家园建设得更加美丽富饶，地球的未来不是梦！

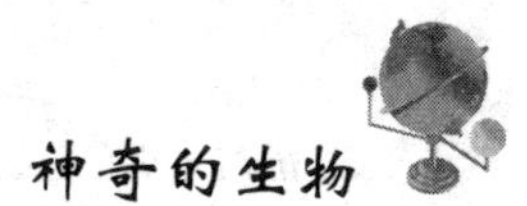

微生物工程展望

微生物并不是我们所想象的那样可怕，在某种意义上讲，倒是挺可爱的。这不单是因为人类已经在很大程度上征服了致人死命的病原微生物，更主要的，是因为人类越来越多地发现并驾驭了有益微生物，使它们驯服地为人类服务的本领越来越大了。不过，自发现微生物以来，人类目前能够驾驭的微生物种类还只是很少一部分，大部分微生物仍然默默无闻地呆在它们数十亿年来就习惯了的某个角落里，有待我们去发掘、研究和应用。如果说微生物世界是个丰硕无比的宝库，我们今天还不过刚刚跨进它的大门。然而，我们站在大门内向它们的纵深处略加探望，就不由得被它那丰饶的蕴藏所深深吸引。全世界的微生物学工作者，正满怀信心奋斗着，要让微生物向人类贡献出更多更好的产品和提供更满意的服务。

当我们正在跨进新世纪的时刻，现实已经证实了科学家几十年前的预言：21 世纪将是生物学的世纪。生物技术的飞速发展，使人类已经从简单地利用生物功能的阶段迈向全面、能动地改造生物和按人类的意愿人工构建自然界不存在的生物的时代。当前，生命科学和信息科学、材料科学等前沿科学一起，成为新技术革命的重要理论基础。生物技术已经应用在工业、农业、国防、环境保护、医药保健等许多领域，成果日新月异，甚至各种服务性行业也因为被生物技术的应用而引起深刻的革命性变化。

生物技术涉及自然科学许多学科，但是，到目前为止，它几乎都离不开结构最简单，繁殖最迅速，功能最多样的微生物。有的是用微生物个体的全部或一部分做材料；有的是直接应用天然微生物的某种功能；有的是通过遗传工程的手段建造出人工的微生物；还有的是采用了长期积累的应用微生物的技术和经验。由此可见。微生物与人类关系多么密切。

发展农业，增加食物，是人类长期面临的重要问题。人口的迅速增长和地区发展的不平衡，使人类一刻也不能忘记饥饿的威胁。粮食问题，一方面提高产量和质量，一方面是对农产品的深加工。这两方面，微生物都可以发挥巨大的作用。我们知道，只有肥田沃土才能长出好庄稼，但是，目前全世界没有被开垦的可耕地已经不多了，于是，人们把改造盐碱地和干旱地作为扩大耕地的重要途径。通过基因工程，我们有可能把某些耐盐碱或抗干旱细菌的基因转移到农作物中，使这些农作物能够在盐碱地或缺水的地区生长，并能优质高产。庄稼一枝花，全靠肥当家。虽然，为制造化学肥料，我们每年耗费巨大的资金、人力和能源，但还是供不应求。因此，数十年前人们就开始人工培养固氮菌或根瘤菌作为细菌肥料，可是这些细菌的培养并不容易，大量生产有困难。于是有人把固氮菌的固氮基因转移到容易培养而又生长极快的大肠杆菌中，使大肠杆菌也能固氮，这样给土壤提供氮肥就比较容易了。另外，磷细菌、钾细菌也已经在田间使用。防治农作物的病虫害，也是农业增产的重要措施。前面介绍的苏芸金杆菌，是人工生产的生物农药，它能杀死多种危害农作物和森林的害虫，我国的科学家已经把苏芸金杆菌中掌管杀虫功能的基因转移到水稻等农作物中，使庄稼自身具备了抵抗这些害虫危害的性能。尽管推广这些新品种的农作物还可能遇到各种困难，但这确实是一条解决粮食危机的诱人途径。在不久的将来，我们能够培育出既不用施肥，又耐干旱和盐碱，也能抗虫害的农作物。那么，首先要感谢微生物的贡献。许多微生物学家当前还在研究帮助农作物抵抗霜冻的细菌。

有了粮食，以它为原料加工成各种食品或用品，处理各种加工过程中的副产品和把废物变成有用之物，微生物同样大有用武之地。用粮食为原料，利用微生物生产出了数以千计的人类当代生活的必需产品，例如葡萄糖、氨基酸、有机酸、酒精、维生素等等。在不久的将来，微生物不仅可以为人类生产出更多样的产品，还可以大大提高利用原料的效率。就拿生产酒精来说吧，目前我们用粮食生产酒精，必须先用微生物，如霉菌和细菌，或它们产生的酶使粮食中的淀粉分解成葡萄糖，再用另一类微生物，酵母菌把葡萄糖转化成酒精。现在已经有人成功地把这两类微生物的功能组合在一种微生物的细胞里，这就能使酒精生产过程大大简化。在21世纪初，酒精生产将变得更加方便，原料也更加节约了。甚至还有人在试验把控制纤维素酶的基因，通过基因工程的方法转移到酵母菌中，这样，本来不能转化成酒精的纤维素也可以作为生产酒精的原料了。这项试验一旦成功，我们便可以用粮食生产的废料，如稻草、玉米秸和各种农作物的秸秆，甚至野草、木屑来生产酒精。酒精的价格将大幅度下降，就可以用酒精代替汽油作为能源了。

微生物产生的酶已经制成多种产品，广泛用于人们的生活和生产中。例如用于制造葡萄糖的糖化酶，加在洗衣粉中的蛋白酶和脂肪酶，目前市场上开始崭露头角的双歧杆菌增殖因子或其他低热值的甜味剂，就是用酶分解淀粉或其他糖类原料生产的。由于微生物容易培养，能够在短时间内获得大量细胞，所以人们一直把微生物作为酶的主要来源，尤其是现在可以用基因工程的方法把其他生物中的酶转移到微生物中，这就更提高了微生物在酶的应用上的价值。

微生物曾经因为引起多种致人死亡的传染病而使人谈虎色变，而今天，绝大部分传染病得到了控制。控制传染病的一个重要手段，就是用微生物生产药物，抗生素中的青霉素已经家喻户晓。微生物还能生产降低胆固醇，治疗癌症的药物。在器官移植中，同样也要用微生物产生的环孢菌素来抑制机体的排斥反应。至于用生物技术生产的疫苗、干扰素、调节素等，都离不开微生物和微生物学的原理和技术。在不久前，全世界消灭了天花病，脊髓灰质炎也将与20世纪一起成为历史。可以肯定，在21世纪，人类将会用微生物来根除目前还比较猖獗的多种疾病。

除了直接利用生产产品外，传统的发酵工程技术也有了更为广泛的用途。例如许多名贵的香料，本来只能从稀有的植物或动物的某一部分提取，所得甚少。现在我们可以借鉴培养微生物的经验，把那些产生香料的细胞分离出来进行大量培养。这样，香料的成本就将大大降低。用类似的方法，也可以生产某些贵重中药材。

在未来人类生活中，微生物的贡献将远不止上述诸方面。在重工业领域，微生物将被广泛地用来提炼贵重金属，使煤炭脱去因燃烧而污染大气的硫化物、提高石油的开采效率；在环境保护领域，许多有害工业废物将由微生物来去毒，以至于化害为利，将废物转变成有用产品，甚至，还可以用微生物代替化学药剂用于人工降雨或制造人造雪。公安部门已经利用细菌来防盗和破案。

总之，由于微生物在许多方面表现出了优越功能，全世界在发展生物技术的规划中，都特别重视微生物资源的开发研究。

我国生态环境的多样性在国际上罕见，因此微生物资源非常丰富。几千年来，我国各族人民有着十分高超的利用微生物的技术，数以百计的传统发酵产品在全世界享有盛誉。建国以来的近半个世纪中，我国的微生物产业体系已经形成，在生物技术业中占有重要的地位，是发展我国生物技术的重要支柱。微生物产业在国民总产值中占有 1/100 以上的份额，在祖国实现现代化和人民生活实现小康的过程中有着不容忽视的地位。而且，在微生物产业中，现代产业与传统产业的比例正在提高，有的产品的产量和质量雄居国际领先水平，不少产品达到或接近国际先进水平。我国的微生物学工作者已经形成了一支专业齐全、有相当数量和实力的队伍。这是我国应用微生物为人类作贡献的基础。有这样的条件，我们有信心在不久的将来使微生物产业在我国生物技术发展中发挥更重要的作用，为经济繁荣和人民生活的改善作出更大贡献。

综观全局，无论从解决全人类面临的粮食、能源、保健和环境保护等重大生存问题，还是我国经济发展来说微生物的应用和微生物学的研究都具有重要的意义，微生物学将在新世纪中继续处于科学前沿的地位。